“十四五”新工科应用型教材建设项目成果

新编21世纪高等职业教育精品教材

电子与信息类

Premiere
视频剪辑技术

主　编◎刘变琴　郭莹洁　荆佳佳　王慧丽

副主编◎曹　钢　任　波　孙　磊　霍　爽

刘　燕　林　楠　许陈哲　束华娜

冼　浪　王　茜　贾雅娟　齐　伟

周震宇　李　弘　孙　妮　徐　行

曹晓月　宋文康　王思梦　高　捷

张　生

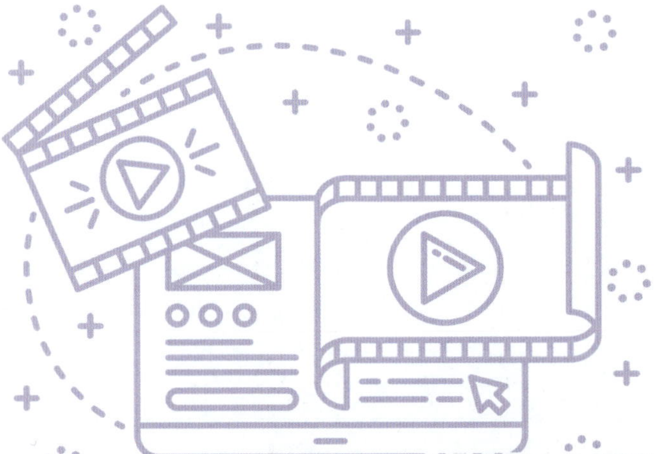

中国人民大学出版社

·北京·

图书在版编目（CIP）数据

Premiere 视频剪辑技术 / 刘变琴等主编. -- 北京 : 中国人民大学出版社，2024.5

新编 21 世纪高等职业教育精品教材. 电子与信息类

ISBN 978-7-300-32801-0

Ⅰ. ① P… Ⅱ. ①刘… Ⅲ. ①视频编辑软件－高等职业教育－教材 Ⅳ. ① TP317.53

中国国家版本馆 CIP 数据核字（2024）第 095332 号

“十四五”新工科应用型教材建设项目成果

新编 21 世纪高等职业教育精品教材 · 电子与信息类

Premiere 视频剪辑技术

主　编　刘变琴　郭莹洁　荆佳佳　王慧丽

副主编　曹　钢　任　波　孙　磊　霍　爽　刘　燕　林　楠　许陈哲　束华娜

冼　浪　王　茜　贾雅娟　齐　伟　周震宇　李　弘　孙　妮　徐　行

曹晓月　宋文康　王思梦　高　捷　张　生

Premiere Shipin Jianji Jishu

出版发行	中国人民大学出版社		
社　　址	北京中关村大街 31 号	邮政编码	100080
电　　话	010－62511242（总编室）		010－62511770（质管部）
	010－82501766（邮购部）		010－62514148（门市部）
	010－62515195（发行公司）		010－62515275（盗版举报）
网　　址	http://www.crup.com.cn		
经　　销	新华书店		
印　　刷	中媒（北京）印务有限公司		
开　　本	787 mm × 1092 mm　1/16	版　　次	2024 年 5 月第 1 版
印　　张	11.5	印　　次	2024 年 5 月第 1 次印刷
字　　数	276 000	定　　价	59.50 元

PREFACE 前言

党的二十大报告指出，教育、科技、人才是全面建设社会主义现代化国家的基础性、战略性支撑。教育是国之大计、党之大计。职业教育是我国教育体系的重要组成部分，肩负着“为党育人、为国育才”的神圣使命。本教材以习近平新时代中国特色社会主义思想为指导，深入贯彻落实党的二十大精神，将思想道德建设与专业素质培养融为一体，着力培养爱党爱国、敬业奉献，具有工匠精神的高素质技能人才。

随着信息技术的不断发展以及 5G 网络和终端设备的普及，当前社会正处于从图文时代向视频时代转变的阶段，网络视频行业发展态势迅猛，自主拍摄和剪辑视频已成为人们创作和表达的主流方式，全民化视频时代已经来临，视频剪辑行业迎来了新的发展机遇。

Adobe Premiere 是 Adobe 公司开发的一款非线性编辑软件，广泛应用于电视节目制作、广告制作、电影剪辑等领域，它综合了传统电影和电视编辑的优点，提升了用户的创作能力和创作自由度，是视频剪辑技术的重大进步。

Premiere 视频剪辑是数字媒体艺术设计等相关专业的必修课程，对系统学习整个专业领域的知识，提高岗位能力具有承上启下的作用。通过对本课程的学习，学生可以掌握非线性编辑软件——Adobe Premiere 的实际操作，掌握数字视频剪辑的基础知识，学会采集、导入和管理素材，掌握运动效果、视频过渡、视频特效的应用等多媒体编辑技能，从而缩短进入行业的适应时间。

本教材深入浅出、循序渐进地介绍了视频剪辑知识及 Premiere 各项功能的使用方法，包括 Premiere 基础、关键帧的使用、蒙版的应用、文本与图形编辑、视频调色、视频过渡、视频效果等，涉及影视设计师、编辑师等多个工作岗位。丰富的实践案例不仅增强了学生的学习兴趣，巩固了他们对知识点的理解与应用能力，更有助于他们投入广告短片、企业宣传片、专题片和电视节目等视频作品的编辑工作中。

本书主编为刘变琴（山西林业职业技术学院）、郭莹洁（山西金融职业学院）、荆佳佳（山西管理职业学院）、王慧丽（江西陶瓷工艺美术职业技术学院），副主编为曹钢［九智云辉文化发展（北京）有限公司］、任波［九智云辉文化发展（北京）有限公司］、孙磊（北京电子科技职业学院）、霍爽（承德应用技术职业学院）、刘燕（重庆旅游职业学院）、林楠（惠州工程职业学院）、许陈哲（江苏工程职业技术学院）、束华娜（聊城职业技术学院）、冼浪（茂名职业技术学院）、王茜（山西金融职业学院）、贾雅娟（山西金融职业学院）、齐伟（山西林业职业技术学院）、周震宇（山西林业职业技术学院）、李弘（山西林业职业技术学院）、孙妮（山西林业职业技术学院）、徐行（苏州工艺美术职业技术学院）、曹晓月（武汉职业技术学院）、宋文康（无锡工艺职业技术学院）、王思梦（无锡职业技术学院）、高捷（襄阳汽车职业技术学院）、张生（中山市建斌职业技术学院）。

本教材在编写过程中得到了多方的大力支持，其中特别感谢北京九智云辉有限公司领导及员工的帮助！由于编者的经验和水平有限，教材中难免存在不妥之处，恳请广大专家和读者批评指正。

编者

CONTENTS

目录

1 项目一　揭开 Premiere 的神秘面纱

知识目标

- 熟悉 Premiere 软件的功能。
- 了解视频剪辑的应用领域。
- 掌握视频剪辑的学习方法。

能力目标

- 熟悉 Premiere 界面的功能。
- 学会 Premiere 各种工具的使用方法。

素质目标

- 培养良好的职业素养。
- 构建职业规划，并做好短期计划。

视频是现代社会信息传播的一种重要形式。尤其近几年，随着抖音、快手等短视频平台的兴起，拍摄、编辑并分享视频已成为人们日常生活中不可或缺的一部分。要制作一部好玩、好看、有意义的视频作品，就要使用专业的视频剪辑软件。Premiere 是一款非常实用且功能强大的视频剪辑软件，提供了多种工具，可以满足不同用户的需求。无论是初学者还是专业人士，都可以使用 Premiere 完成各种视频剪辑任务，制作出高质量的视频作品。

任务一 Premiere 软件简介与安装

知识链接

Premiere 是一款由 Adobe 公司开发的视频剪辑软件，被广泛应用于电影、电视、广告、Web 等领域。它是一款功能强大、简单易学、应用面广、专业、稳定的视频剪辑软件，不仅支持常见的视频、音频格式，还可以处理多种媒体的素材。Premiere 的主要功能包括视频采集、视频剪辑、调色、添加字幕、编辑音频、渲染输出等，丰富的编辑工具和特效功能可以满足不同用户的需求。

Premiere 具有较强的兼容性，可以与 After Effects、Audition、Photoshop 等软件协作，方便用户进行综合设计。此外，Premiere 还支持多种插件，可以进一步扩展自身的功能。

实操练习

在软件的安装包中，双击“Set-up.exe”文件，安装 Premiere Pro 2023 软件（本教材以该版本为平台进行讲解），安装选项如图 1－1－1 所示。安装完毕后，在系统的“开始”菜单中会看到软件名称，如图 1－1－2 所示；桌面上也会出现启动图标，如图 1－1－3 所示。

图 1－1－1 Premiere Pro 2023 安装选项

图 1－1－2 “开始”菜单中的软件名称

图 1－1－3 启动图标

任务二 Premiere 的工作界面与常用工具

知识链接

启动 Premiere 时，系统会自动弹出一个“编辑、效果和导出”界面，如图 1-2-1 所示，其中包含“新建项目”和“打开项目”选项。可以选择“新建项目”建立一个新项目；选择“打开项目”会显示最近打开的一些项目，可以通过单击这些项目进入相应的工作区。

图 1-2-1 “编辑、效果和导出”界面

单击“新建项目”按钮后，会弹出“新建项目”对话框，如图 1-2-2 所示，可以设置项目名称、存储位置和序列名称。将“名称”设置为“序列 01”，根据使用习惯设置“项目位置”，然后单击“创建”按钮，就会进入 Premiere 的工作界面，如图 1-2-3 所示。

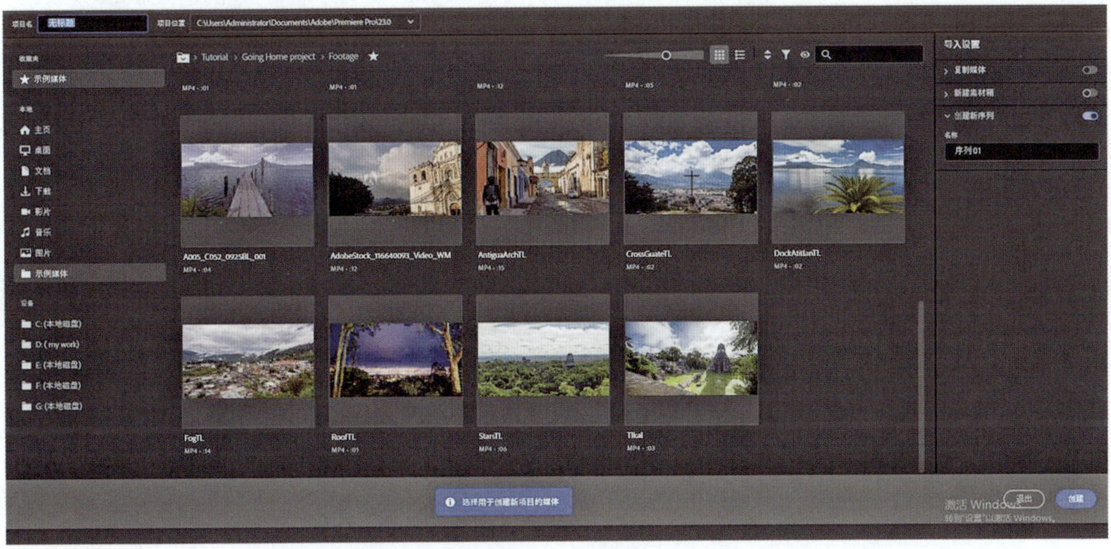

图 1-2-2 “新建项目”对话框

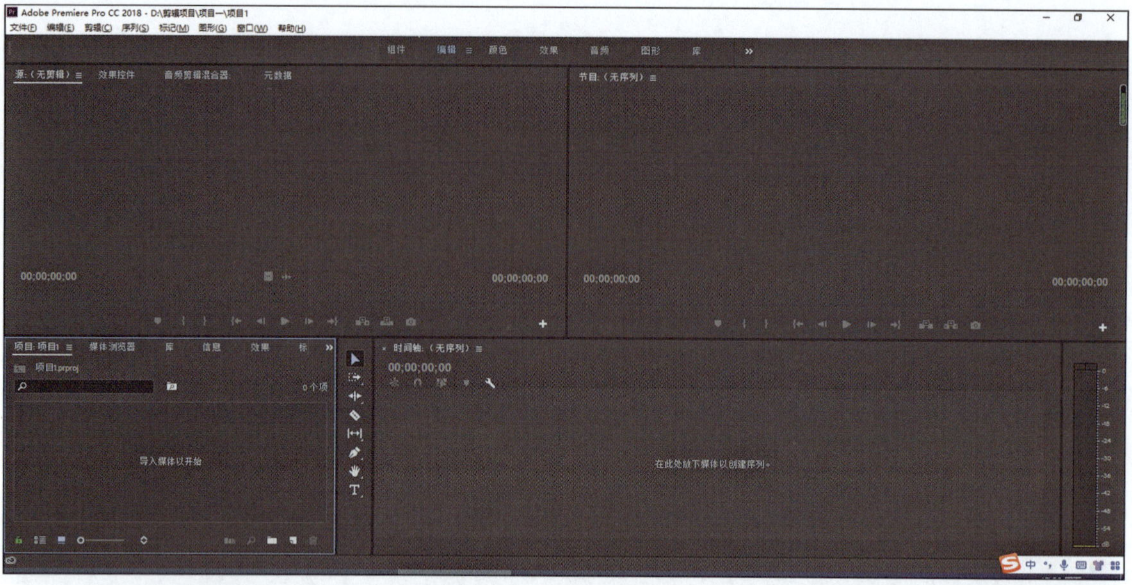

图 1-2-3　Premiere 的工作界面

一、认识 Premiere 工作界面

Premiere 的工作界面由 3 个主要的工作面板组成，分别是"项目"面板（编号①）、"时间轴"面板（编号②）和"节目"面板（编号③），如图 1-2-4 所示。

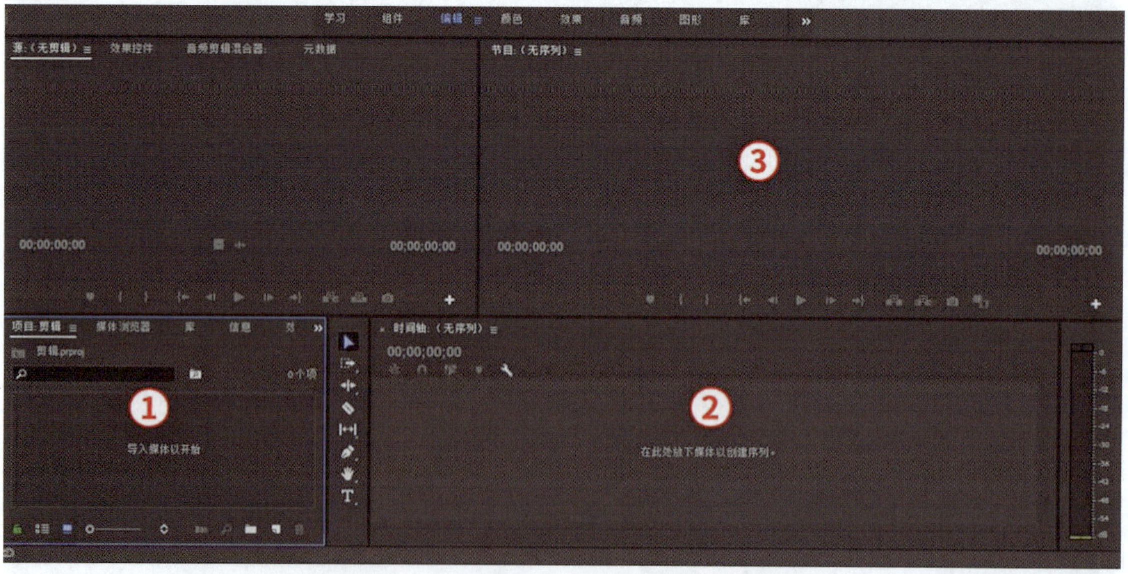

图 1-2-4　Premiere 的工作面板

（1）"项目"面板是显示导入的视频素材和音频素材的区域，视频素材和音频素材等原始材料会在"项目"面板中列出，方便用户选择和调用。

（2）"时间轴"面板是 Premiere 的核心区域。用户可以在该面板完成视频素材的剪断、拼接，以及添加背景音乐和特效等工作。"时间轴"面板提供了一个可视化的时间线，用户可以精确控制剪辑的节奏和顺序。

（3）“节目”面板主要用于实时播放剪辑中的视频。用户可以通过该面板观察和调整剪辑效果，以便对作品进行修改和优化。

二、Premiere 的工作区

Premiere 工作界面顶部有一个工作区切换栏，其中列出了“学习”“组件”“编辑”“颜色”“效果”“音频”“字幕和图形”等工作区名称，如图 1－2－5 所示。除了“学习”工作区用于展示官方提供的小技巧之外，其他工作区均会根据不同剪辑阶段的具体需求提供工作面板，进入不同的工作区即可执行相应的剪辑任务。

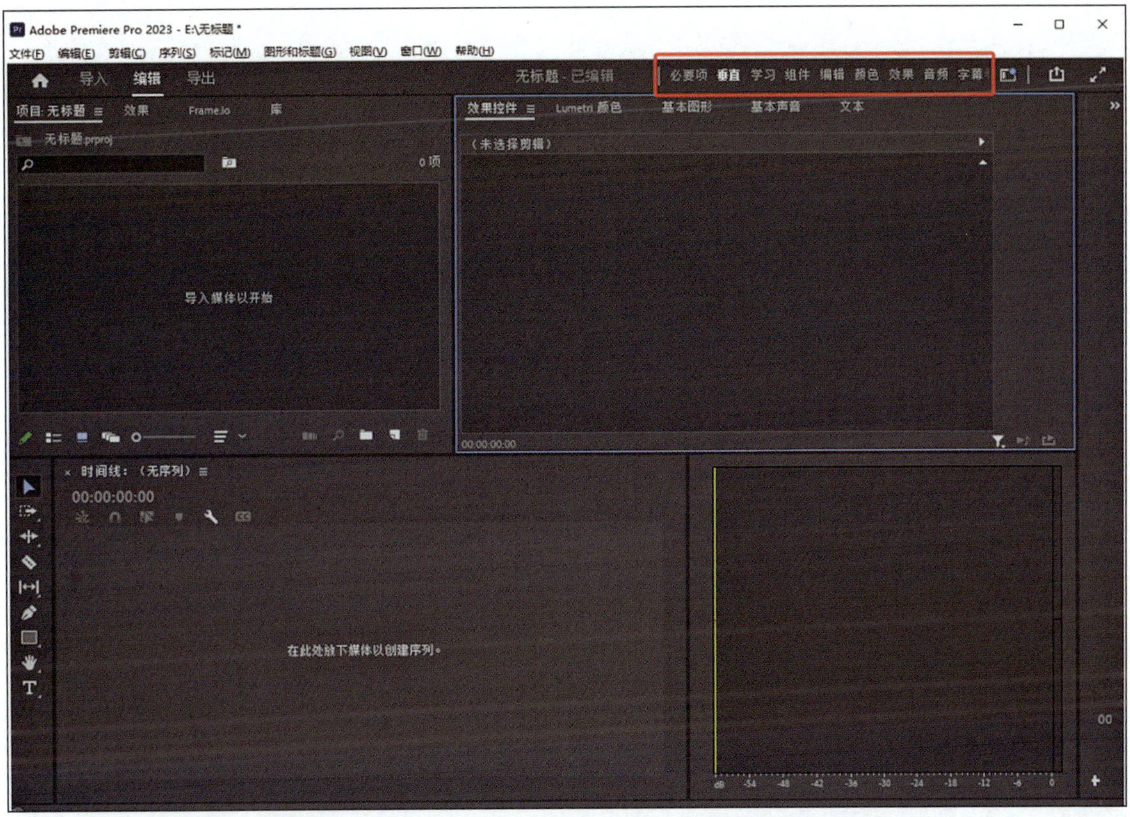

图 1－2－5　Premiere 的工作区

（一）“组件”工作区

“组件”工作区主要用于处理视频。进入“组件”工作区后，“项目”面板会被放大，方便用户导入和整理视频素材，如图 1－2－6 所示。由于“节目”面板和“时间轴”面板也同时在此工作区中，因此用户不仅可以导入和整理视频素材，还可以在此基础上进行基础剪辑操作。

（二）“颜色”工作区

“颜色”工作区主要用于完成视频调色工作。进入“颜色”工作区后，“Lumetri 颜色”面板（调色主面板）与“Lumetri 范围”面板（调色监视面板）会自动出现，如图 1－2－7 所示。

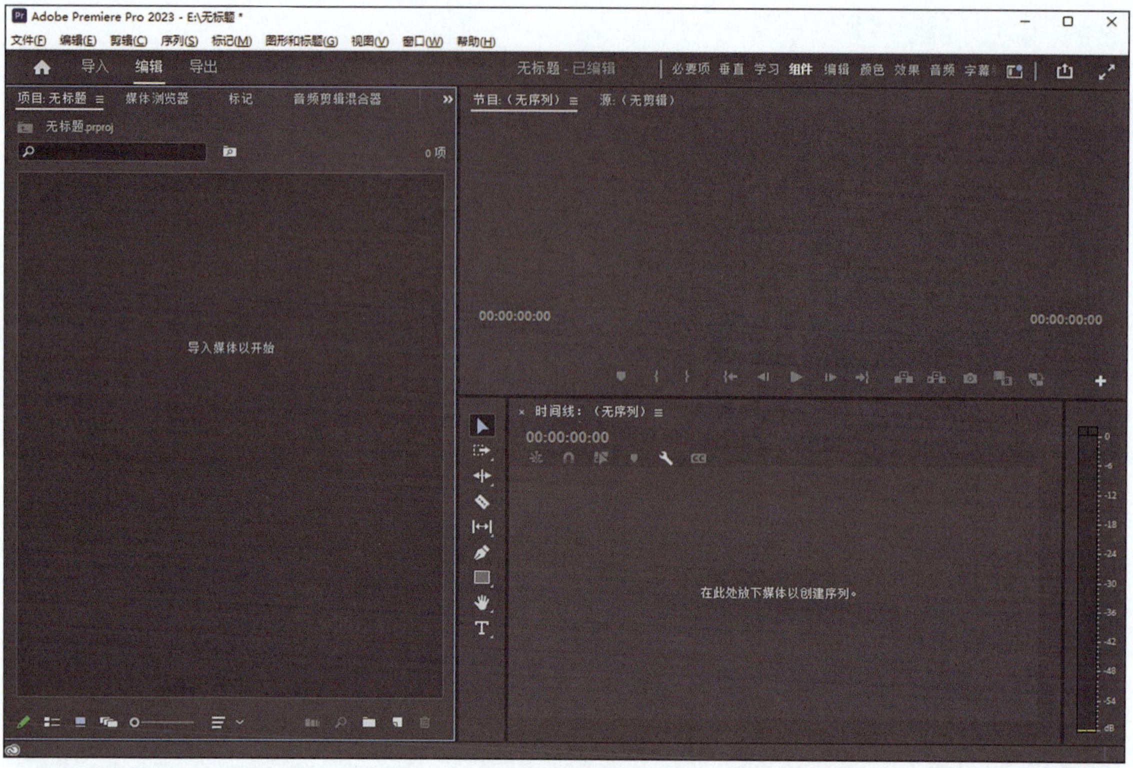

图 1-2-6 “组件”工作区中的“项目”面板被放大

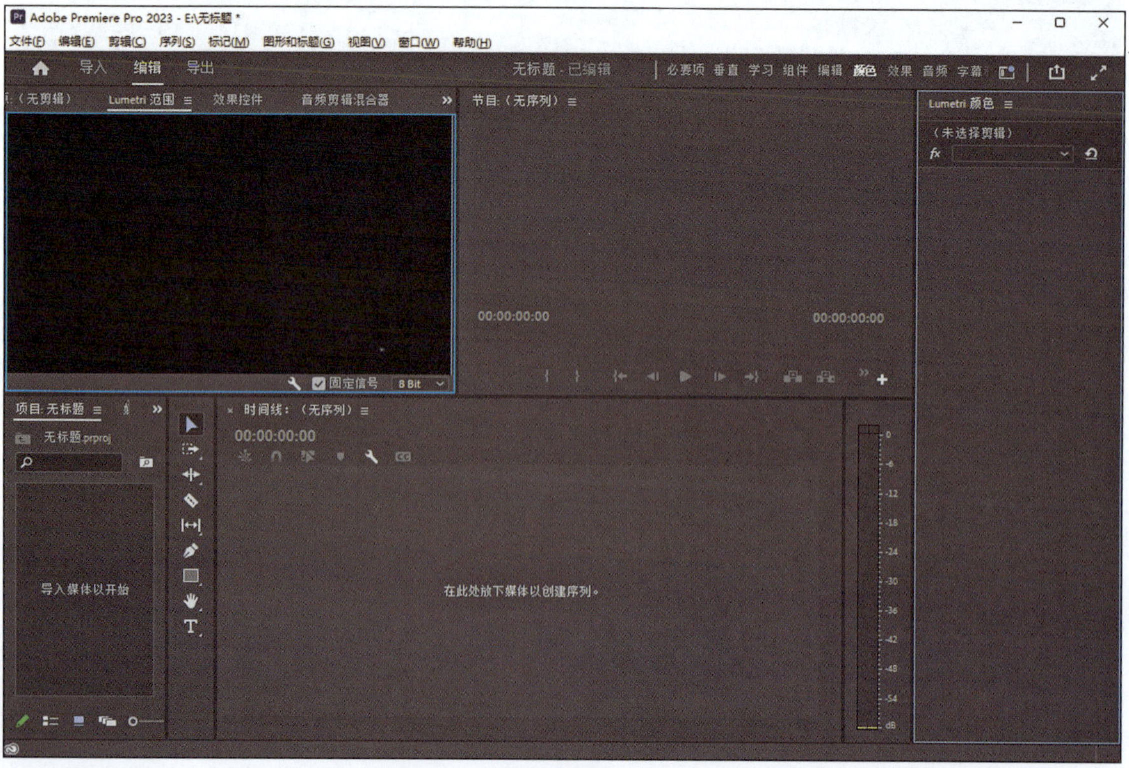

图 1-2-7 “颜色”工作区

（三）“效果”工作区

“效果”工作区主要用于为视频添加后期效果。进入“效果”工作区后，“效果”面板（后期特效搜索与添加面板）与“效果控件”面板（效果设置面板）会自动出现，如图 1－2－8 所示。

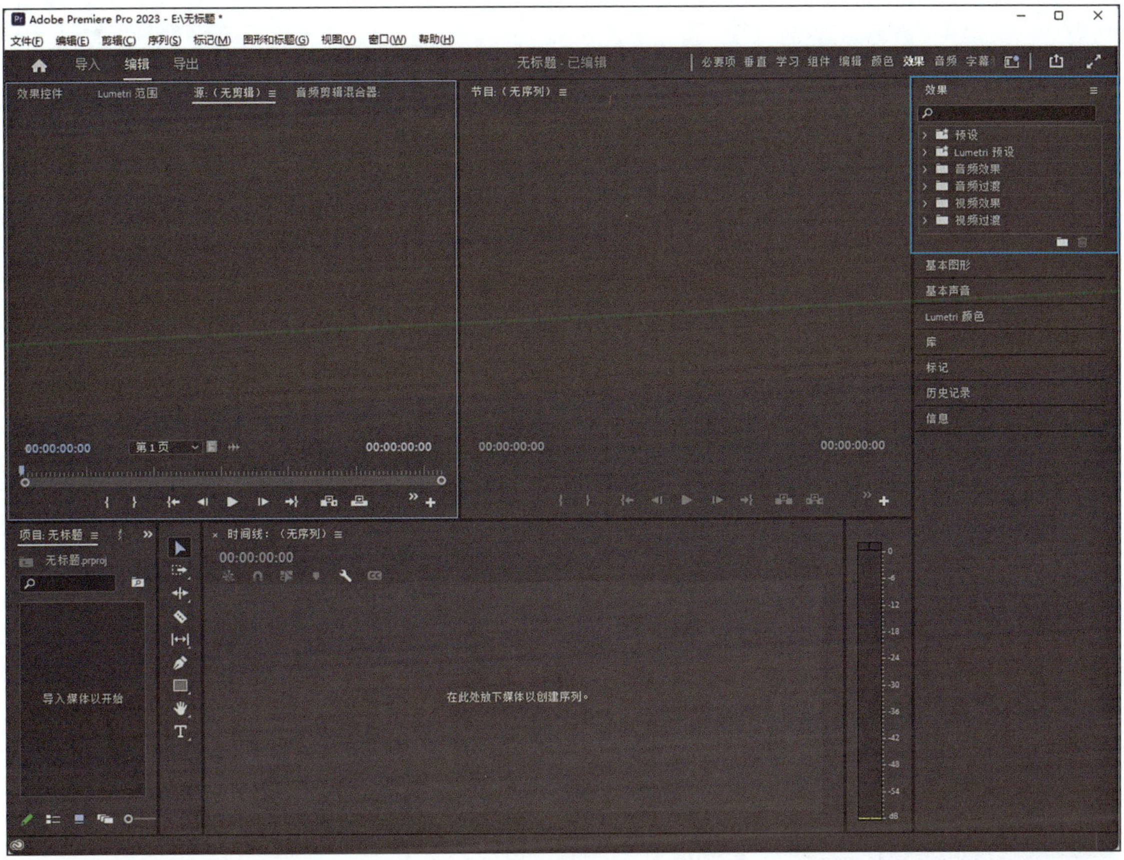

图 1－2－8 “效果”工作区

（四）“音频”工作区

“音频”工作区主要用于调整视频的声音效果。进入“音频”工作区后，“音频剪辑混合器”面板（调音面板）会自动出现，如图 1－2－9 所示。

三、导入素材的方法

（一）在“组件”工作区导入素材

切换到“组件”工作区，在“项目”面板中右击鼠标，在弹出的快捷菜单中选择“导入”命令打开“导入”对话框，选择需要导入的视频素材文件。然后单击“打开”按钮即可将所选文件导入“项目”面板。如图 1－2－10 所示。

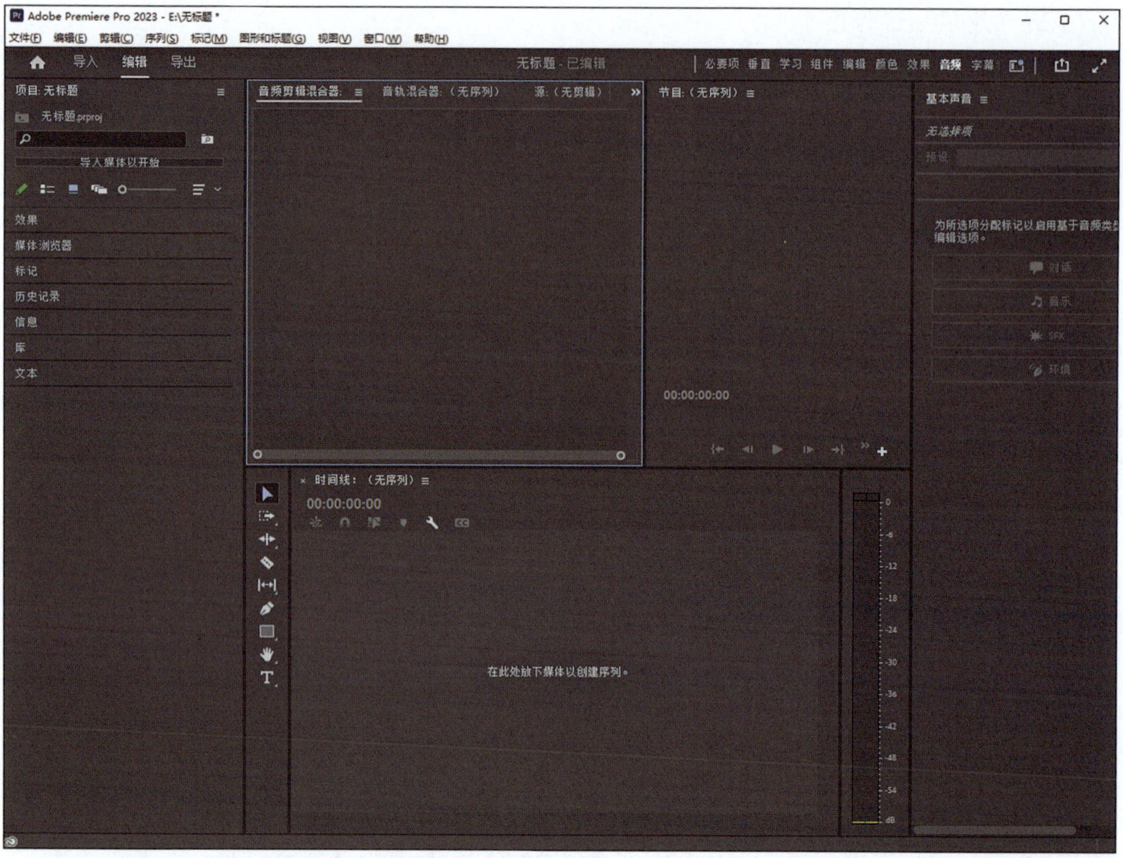

图 1－2－9 “音频”工作区

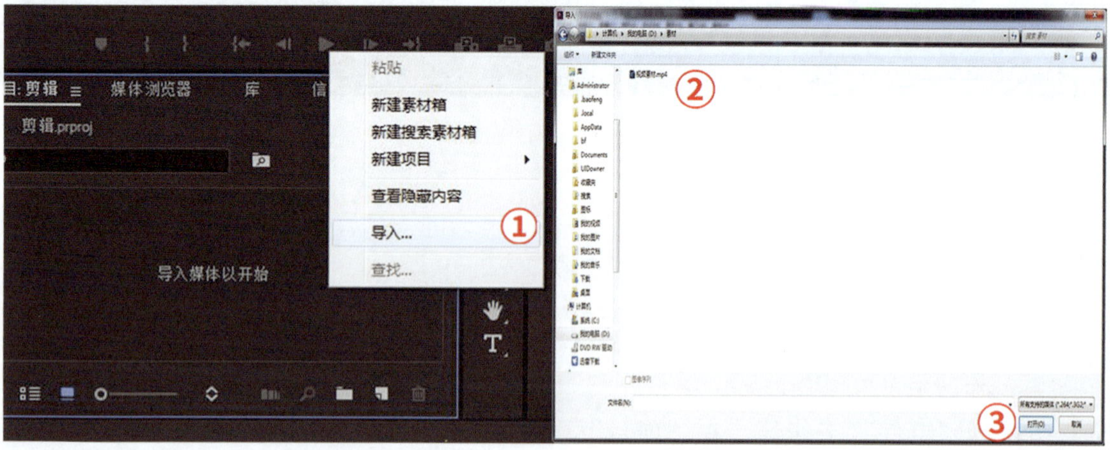

图 1－2－10 在“组件”工作区导入素材

视频素材文件一旦被导入，就会以列表的形式呈现在“项目”面板中，供用户查看和管理。如果觉得列表不够直观，还可以在“项目”面板的左下角通过单击“列表视图”或“图标视图”按钮来切换视频素材的显示状态，如图 1－2－11 所示。

（二）在“媒体浏览器”面板导入素材

进入“媒体浏览器”面板，在左侧的本地驱动器或移动存储设备中选择包含素材的文件夹。如果选择正确，面板右侧就会显示可以导入的文件的列表。在需要导入的文件上右击鼠标，然后在弹出的快捷菜单中选择“导入”命令，即可将素材导入“项目”面板。如图 1－2－12 所示。

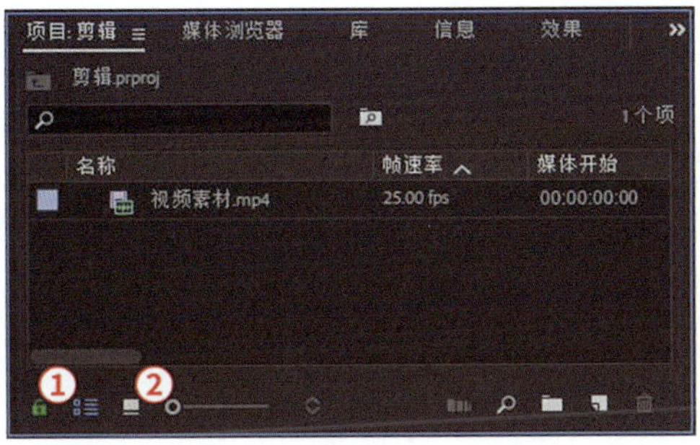

图 1－2－11　切换视频素材的显示状态

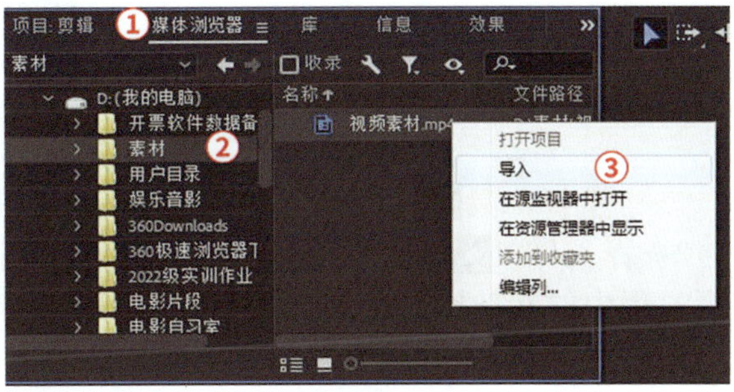

图 1－2－12　在“媒体浏览器”面板导入素材

（三）直接拖动导入素材

这是大部分软件都支持的操作，即将素材文件从文件夹拖动到软件界面的特定区域（这里是“项目”面板），实现素材导入，如图 1－2－13 所示。这种导入方式简便快捷，适用于需要批量导入文件的情况。

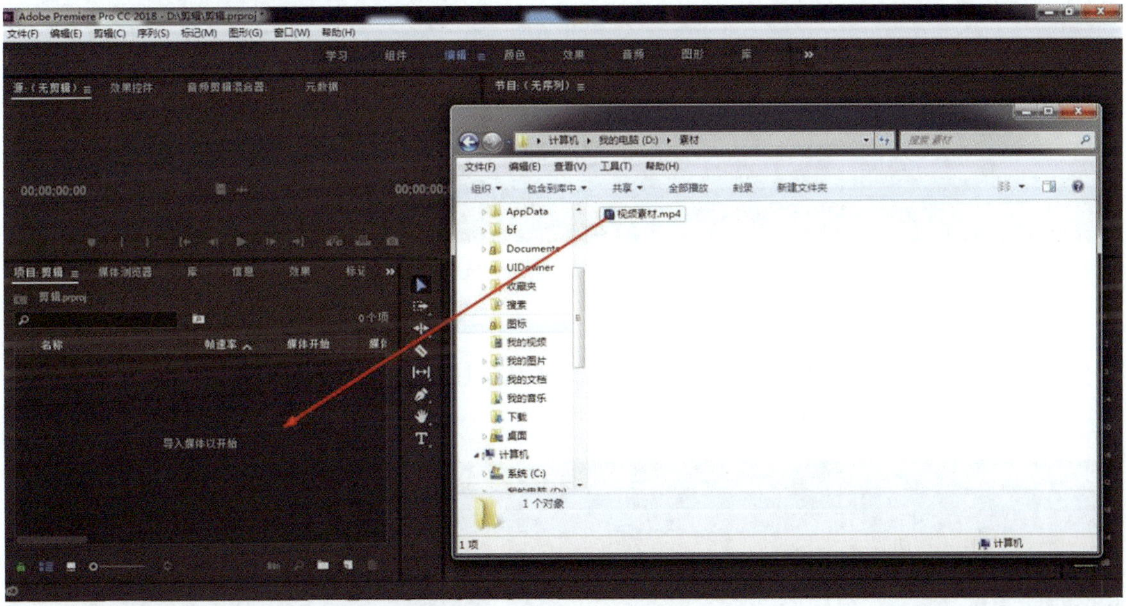

图 1－2－13　直接拖动导入素材

四、常用的剪辑工具

常用的剪辑工具集中在“时间轴”面板左侧，如图 1－2－14 所示。

图 1－2－14　常用的剪辑工具

（一）选择工具

“选择工具” 是进入 Premiere 软件后系统默认选中的工具，主要用于执行 Premiere 剪辑过程中的基础操作，如选择剪辑对象和拖动视频素材。

1. 单选

单击“视频 1”即可将其选中，被选中素材的颜色由蓝色变为灰白色，如图 1－2－15 所示。

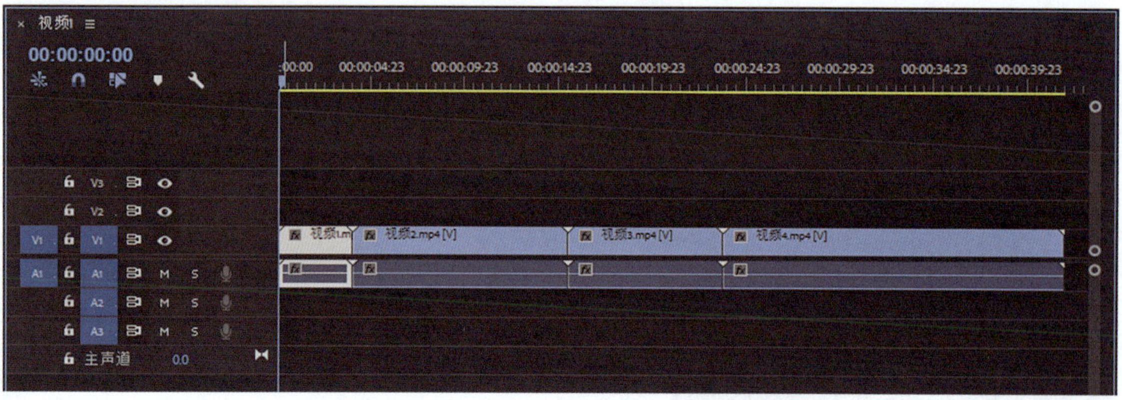

图 1－2－15　使用“选择工具”单选素材

2. 框选

选择“选择工具” ，在“时间轴”面板内按住鼠标左键拖动鼠标，这样可以框选多个素材，如图 1－2－16 所示。

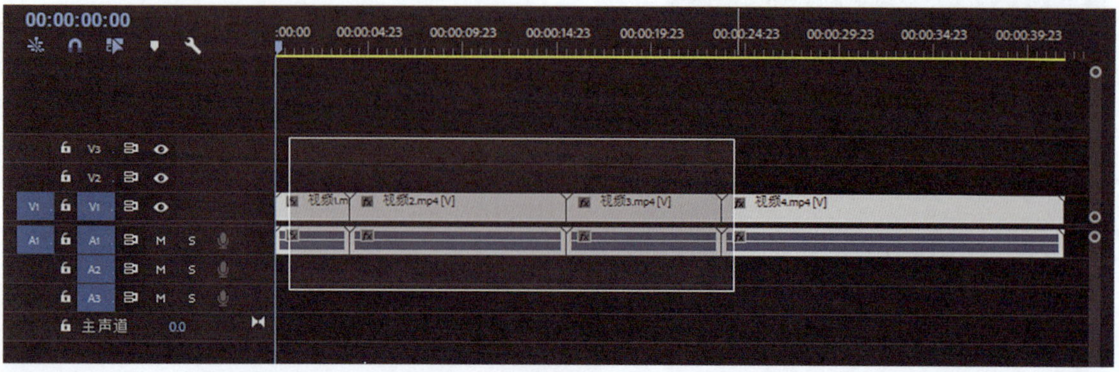

图 1－2－16　使用“选择工具”框选多个素材

3. 缩短 / 拉长

选择“选择工具”，将光标放置在任意素材的边缘（左边缘或右边缘），按住鼠标左键，向左或向右拖动鼠标，即可缩短或拉长该素材。如图 1－2－17 所示为通过“选择工具”将“视频 1”缩短到原长度一半的前后对比效果。

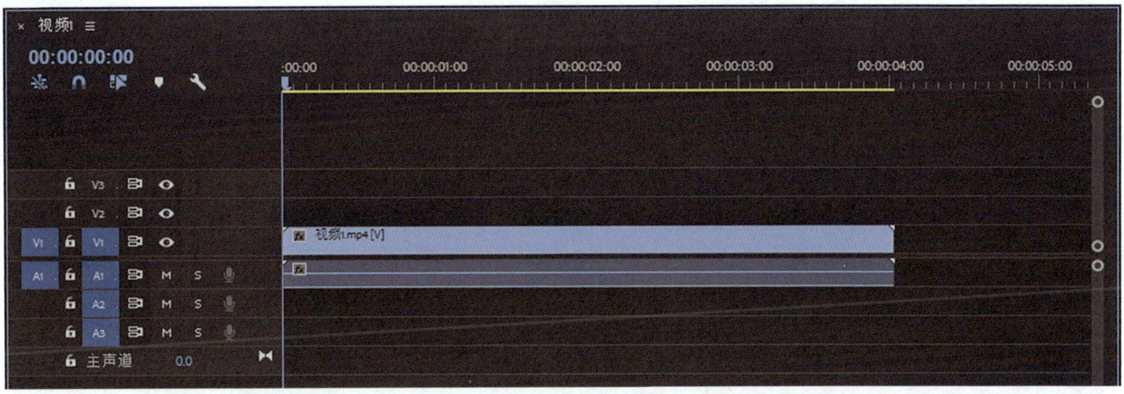

（a）原长度

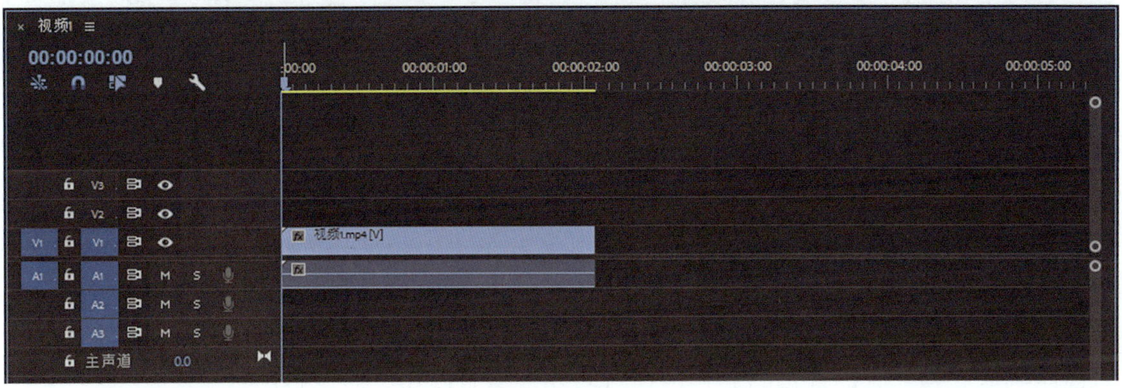

（b）缩短后

图 1－2－17 “视频 1”被缩短到原长度的一半

（二）轨道选择工具

工具面板中第 2 个图标为轨道选择工具组，包含两个工具，即“向前选择轨道工具”和“向后选择轨道工具”。

当“时间轴”面板中的素材变得较多且复杂时，使用“选择工具”进行框选操作可能无法满足需求，很可能会漏选一些素材。此时，轨道选择工具组中的工具便可发挥作用。

选择“向前选择轨道工具”，单击任意一段素材（如“视频 2”），则从该素材开始，沿着时间轴向右的所有轨道中的素材（包括视频和音频）都会被选中，如图 1－2－18 所示。

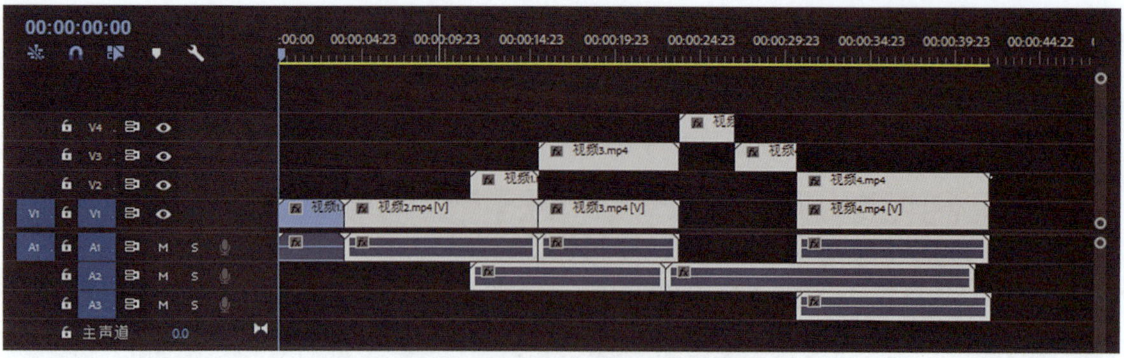

图 1－2－18　使用轨道选择工具多选素材

如果按住“Shift”键选择素材，那么可以只选中单行轨道中的所有素材。例如，通过这种方式选择“视频 2”，那么只有轨道 V1 上的“视频 2”、“视频 3”和“视频 4”被选中，如图 1－2－19 所示。

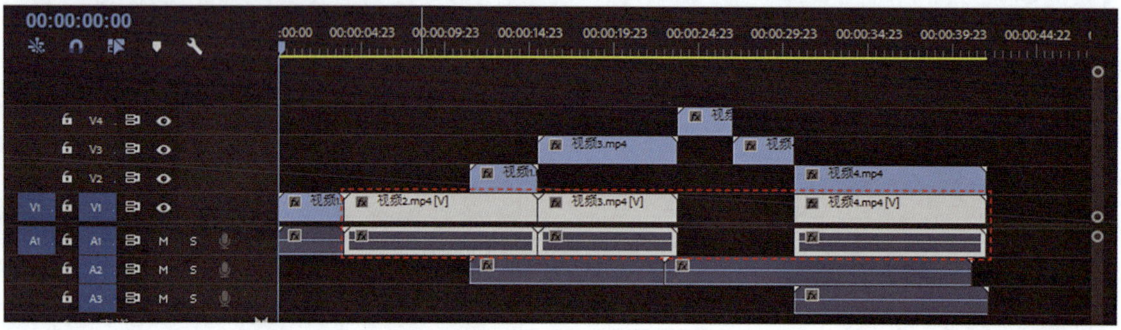

图 1－2－19　使用轨道选择工具选中单行轨道中的所有素材

“向后选择轨道工具”与“向前选择轨道工具”的操作方法一样，不同的是选择“向后选择轨道工具”后，素材的选择是在时间线上从右向左反向进行。

（三）编辑工具

编辑工具组包括“波纹编辑工具”、“滚动编辑工具”、“比率拉伸工具”和“重新混合工具”，这些工具具有不同的功能。下面介绍“波纹编辑工具”和“滚动编辑工具”。

使用“选择工具”缩短视频时，相邻的两段素材不会随之移动，从而在它们之间形成一个间隙，如图 1－2－20 所示。需要执行额外的操作才能将这两段素材重新连接起来，效率较低。

使用“波纹编辑工具”缩短“视频 1”时，与之相邻的“视频 2”会无缝接到“视频 1”的结尾，如图 1－2－21 所示。同样，使用同样的方式拉长“视频 1”时，相邻的“视频 2”会被向后推开，以适应“视频 1”的变化。在缩短和拉长的操作中，“视频 2”的长度并没有改变，只是根据“视频 1”的变化而相应地移动了位置。

切换到“滚动编辑工具”，缩短或拉长“视频 1”时，相邻的“视频 2”的位置不会改变，但其长度会发生变化。如果“视频 1”被缩短，那么“视频 2”便会被拉长，如图 1－2－22 所示。该工具适合用于调整“视频 1”和“视频 2”之间的转场位置。

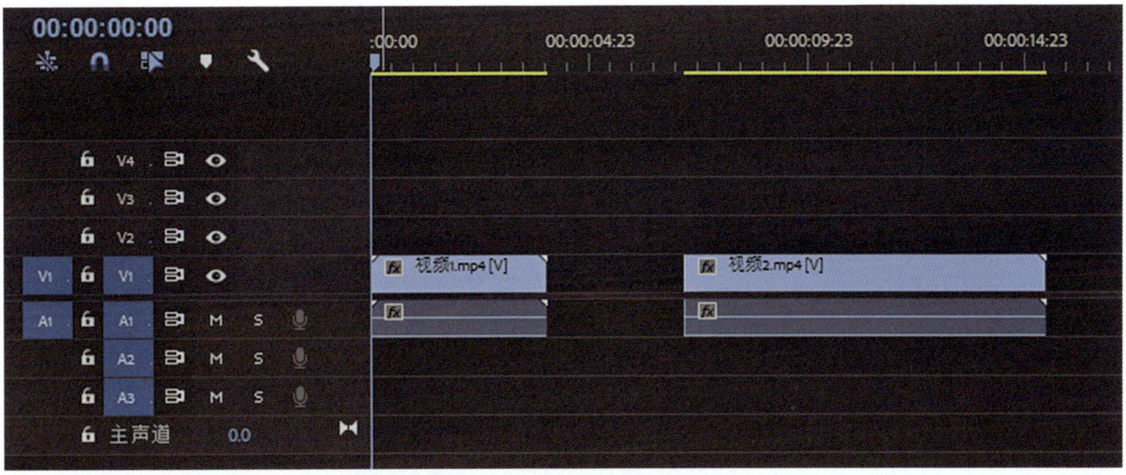

图 1－2－20　两段素材之间存在间隙

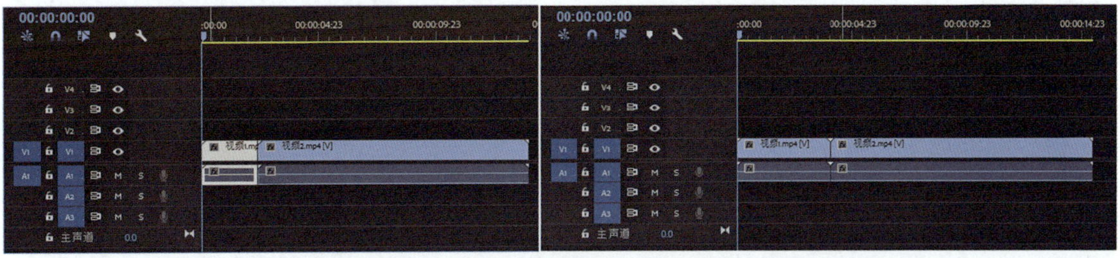

图 1－2－21　“视频 2”无缝接到“视频 1”的结尾

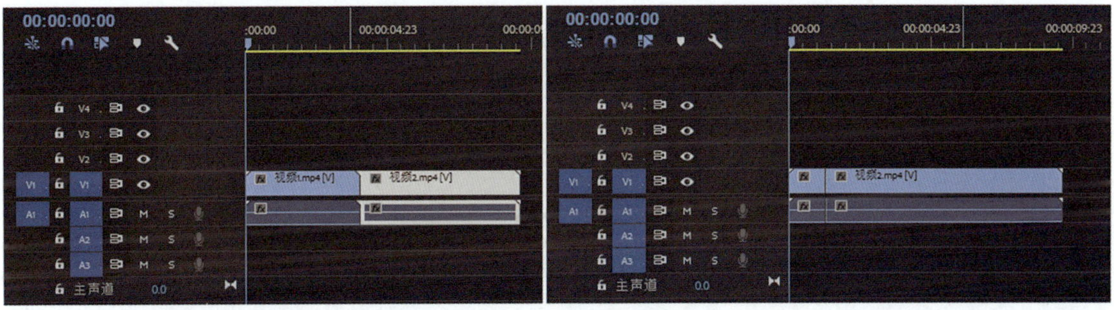

图 1－2－22　使用“滚动编辑工具”编辑视频

（四）剃刀工具

“剃刀工具”可以执行最基本的裁剪操作，即对“时间轴”面板中的视频、音频、图片和调整图层等素材在任意帧位置进行裁剪。例如，选择“剃刀工具”，在“视频 1”的两个不同位置各单击一次，可将“视频 1”分为 3 个部分，裁剪位置会生成两条竖线，如图 1－2－23 所示。

如果想对所有的素材进行裁剪，需要按住“Shift”键进行操作，如图 1－2－24 所示。

如果只想对素材的单一轨道进行裁剪操作，如只进行视频或音频的裁剪，需要按住“Alt”键进行操作，如图 1－2－25 所示。

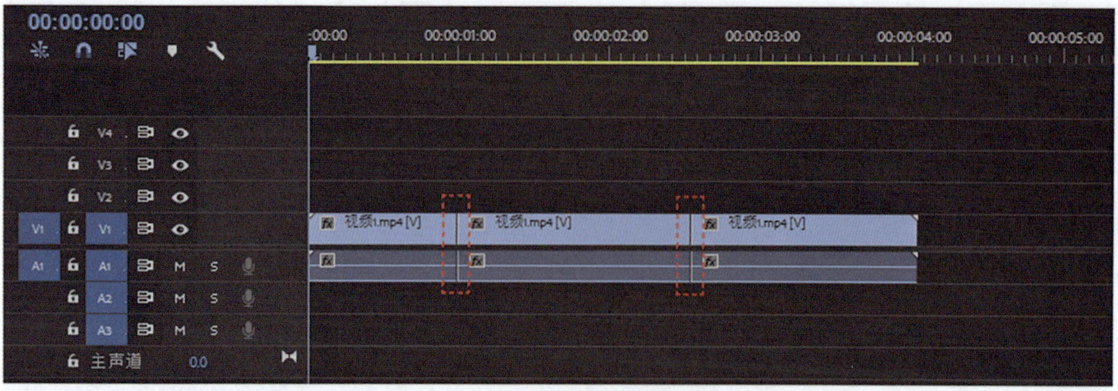

图 1－2－23　使用“剃刀工具”裁剪素材

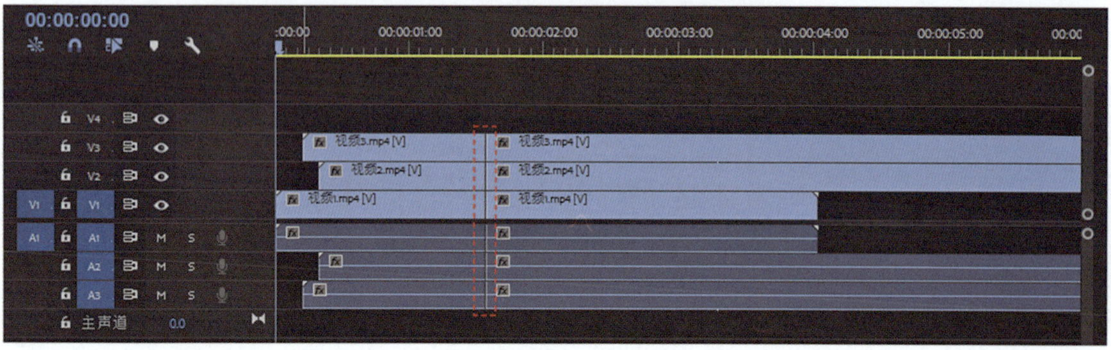

图 1－2－24　使用“剃刀工具”多轨道裁剪素材

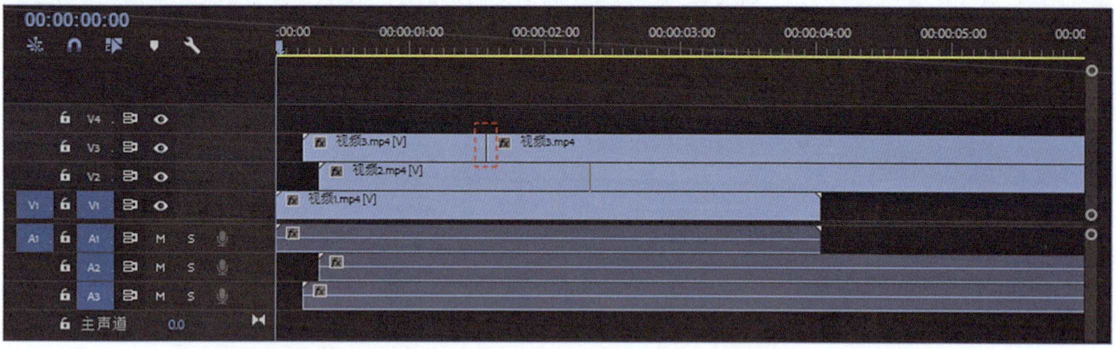

图 1－2－25　使用“剃刀工具”单轨道裁剪素材

如果想将剪断的部分还原，需要切换到“选择工具”，按住“Ctrl”键选择裁剪位置生成的竖线，然后按“Delete”键删除，素材会重新连接，如图 1－2－26 所示。

（五）外滑 / 内滑工具

“外滑工具”和“内滑工具”类似于“波纹编辑工具”和“滚动编辑工具”，但它们的应用重点不同。“波纹编辑工具”和“滚动编辑工具”主要用于处理相邻素材的衔接或转场点，而“外滑工具”和“内滑工具”则着重处理一段素材与其左右相邻素材之间的联系，即三段素材的相互关系。

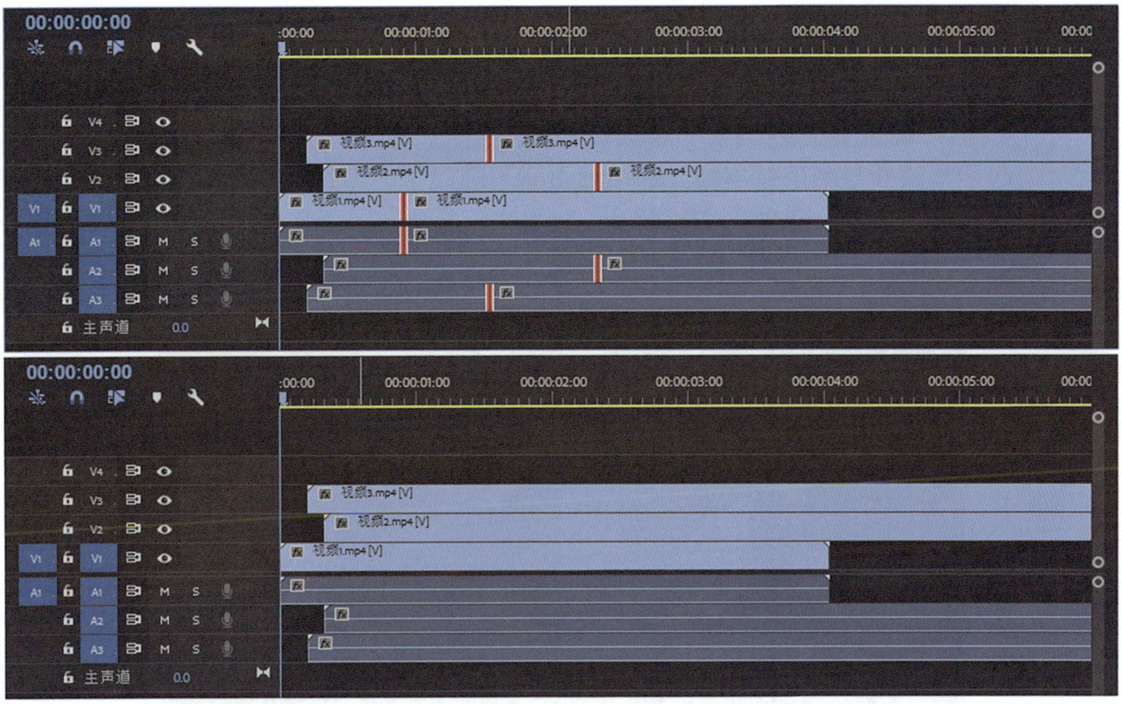

图 1-2-26　重新连接剪断的素材

选择“外滑工具”左右拖动“视频 2”时，只有“视频 2”的起始播放帧和结束播放帧位置的画面会产生变化，“视频 1”的结束播放帧画面与“视频 3”的起始播放帧画面均保持不变。

将“视频 2”向左拖动时，“视频 2”的起始播放帧会延后，结束播放帧会提前；向右拖动时则相反。但是在起始播放帧与结束播放帧共同变化时，它们之间的时间间隔保持不变，即“视频 2”的长度保持不变，如图 1-2-27 所示。

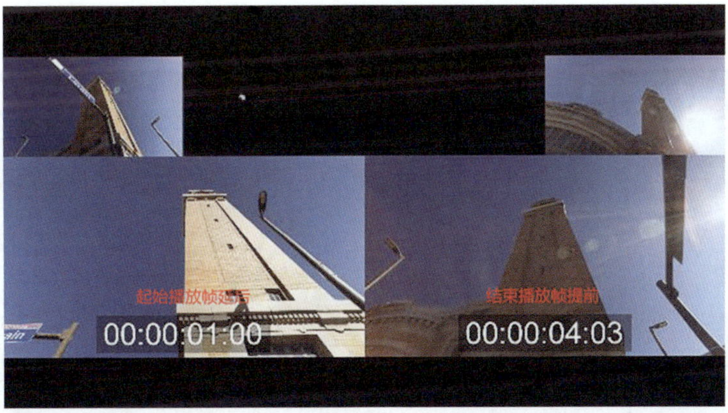

图 1-2-27　“外滑工具”操作示意

使用“外滑工具”移动素材时，左右两边的素材保持不变，只调整中间素材的起始播放帧和结束播放帧。“内滑工具”的作用正好相反。使用“内滑工具”左右移动一段素材时，被移动的素材的起始播放帧和结束播放帧保持不变，而其左侧素材的结束播放帧和右侧素材的起始播放帧会发生变化。

使用“内滑工具”向右拖动“视频 2”时，“视频 2”的长度（起始 / 结束播放帧）不发生变化，而“视频 1”被拉长，“视频 3”则被缩短。查看“节目”面板，会发现“视频 2”的起始播放帧与结束播放帧显示在画面③与画面④的位置，而“视频 1”的结束播放帧画面及其位置的时间显示与“视频 3”的起始播放帧画面及其位置的时间显示则在画面①与画面②的位置，如图 1－2－28 所示。

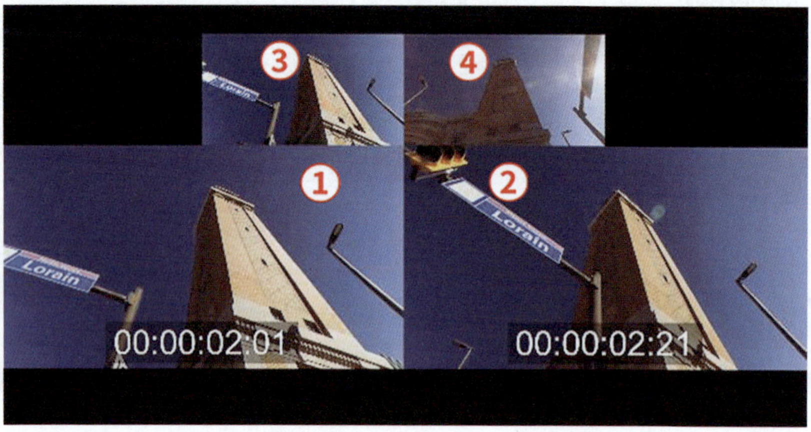

图 1－2－28 “内滑工具”操作示意

（六）钢笔工具

“钢笔工具”主要用于在视频素材上绘制图形。

使用“钢笔工具”时，单击一次则会添加一个锚点。可以使用该工具在视频画面上任意添加锚点，如果这些锚点形成回路，则会生成一个图形。例如，在“视频 1”上添加 3 个锚点，则会形成一个三角形，如图 1－2－29 所示。在形成图形的同时，“时间轴”面板中的“视频 1”的上方会自动生成一个三角形的素材文件，默认名称为“图形”，如图 1－2－30 所示。

图 1－2－29 “钢笔工具”操作示意

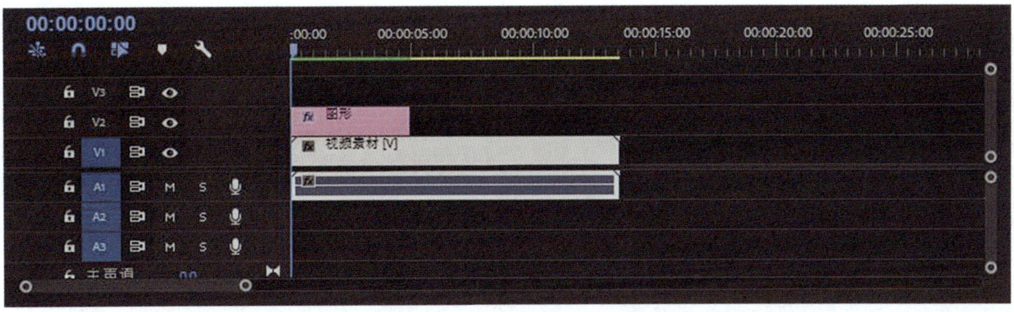

图 1-2-30 “时间轴”面板中生成的“图形”素材文件

（七）矩形工具 / 椭圆工具 / 多边形工具

“矩形工具”、“椭圆工具”和“多边形工具”用于在素材上绘制矩形、椭圆形和多边形素材。使用这些工具绘制图形后，“效果”工作区的“效果控件”面板中便会显示名为“形状”的设置栏，如图 1-2-31 所示。可以通过“形状”设置栏更改所绘图形的外观、位置和大小等细节。

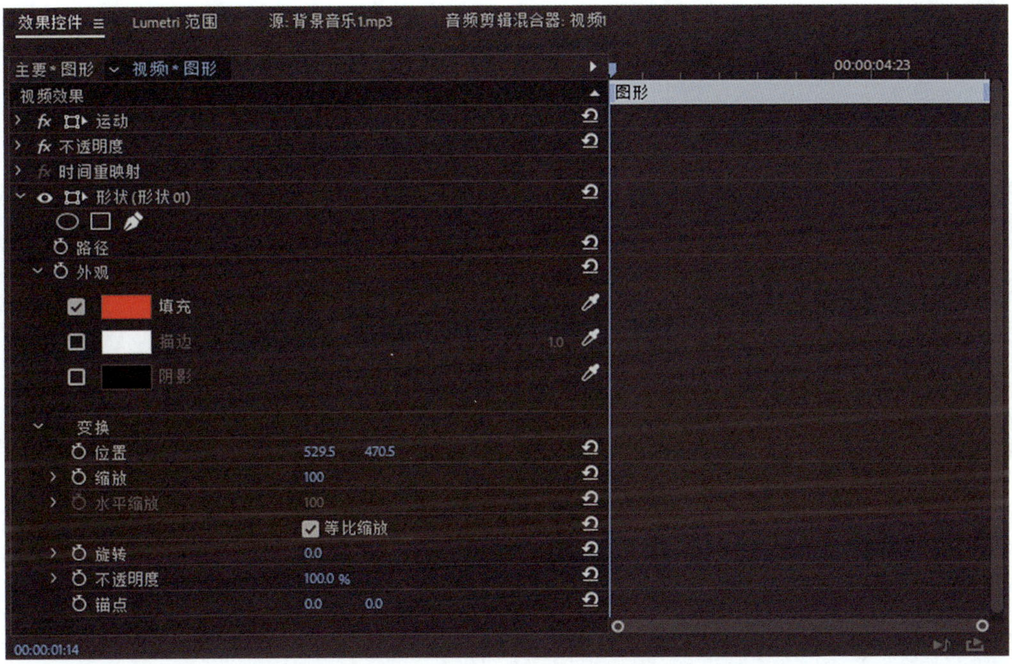

图 1-2-31 “形状”设置栏

（八）手形 / 缩放工具

“手形工具”和“缩放工具”是常用的视频剪辑工具。

使用“手形工具”可以直接在素材上左右拖动，实现“时间轴”面板中所有轨道的移动，且不会触及任何素材。当“时间轴”面板中的素材很多时，使用“手形工具”能够快速有效地查看前后的素材，不会对已编辑好的素材造成误触。虽然也可以通过拖动下方的控制条来实现“时间轴”面板中轨道的左右移动，如图 1-2-32 所示，但“手形工具”更加方便和直接。

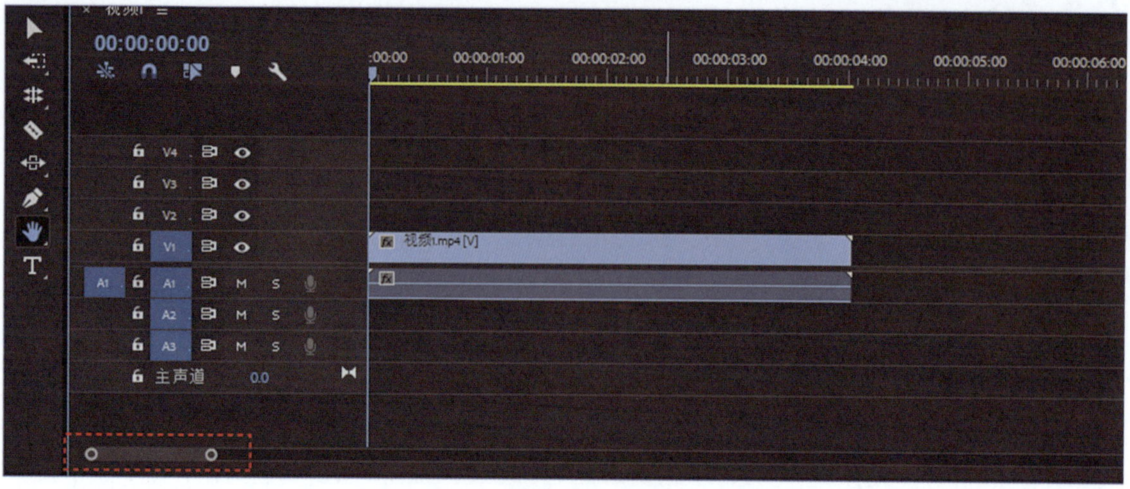

图 1－2－32　控制条

使用“缩放工具”可以调整任意一段素材的显示时长，而非实际素材的长度。要放大单个素材的显示时长，可以按照以下传统方式操作：将“时间轴”面板中的时间线控制条移动到需要放大的素材上方（如第 3 段素材），如图 1－2－33 所示，然后向左拖动“时间轴”面板底部控制条右端的圆钮。如果要缩小这段素材的显示时长，则向右拖动该圆钮。

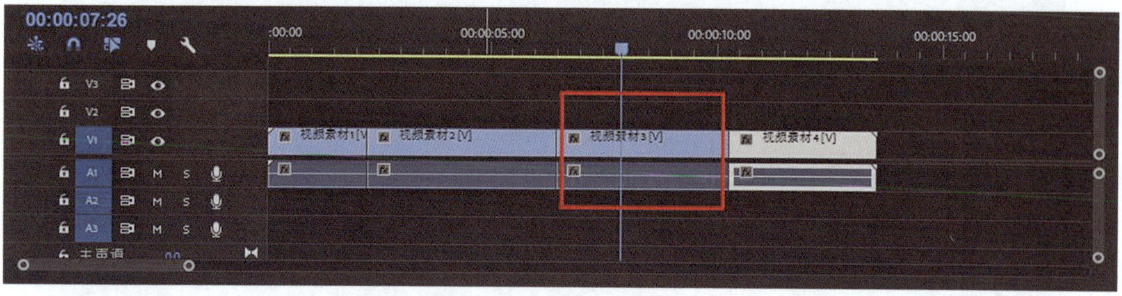

图 1－2－33　通过时间线控制条调整素材显示时长

传统方式比较烦琐，且耗时较多。使用“缩放工具”便可简化操作步骤，提高编辑视频效率。在所选素材上单击数次，即可将素材的长度调整到适合大小，而无须考虑时间线控制条的位置。如图 1－2－34 所示为使用“缩放工具”的效果。按住“Alt”键，使用“缩放工具”单击素材可以缩小其显示时长。

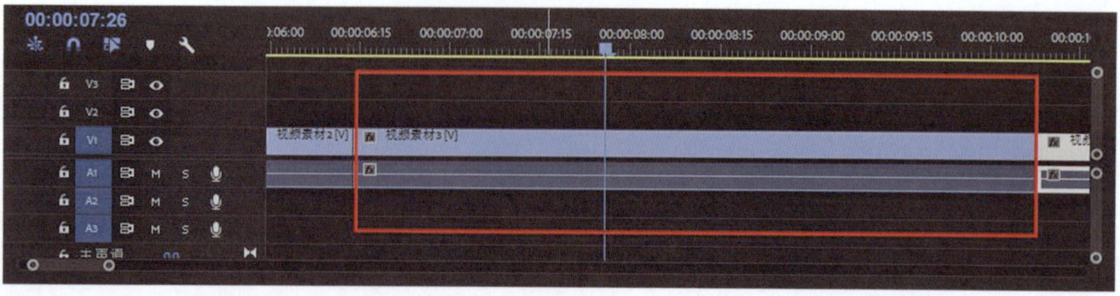

图 1－2－34　“缩放工具”操作示意

（九）文字工具

“文字工具” 和 “垂直文字工具” 主要用于在素材上添加文字。

选择 “文字工具”，然后在视频中输入 “文字工具”，如图 1-2-35 所示。“视频 1” 素材上方会出现与该文字对应的素材，默认命名为所输入的内容，如图 1-2-36 所示。

图 1-2-35 “文字工具”操作示意

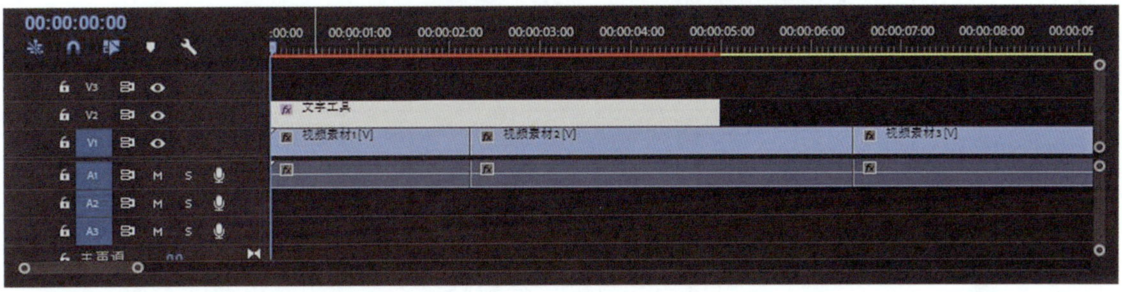

图 1-2-36 文字对应的素材

同时，“效果控件” 面板中也会出现名为 “文本（文字工具）” 的设置栏，如图 1-2-37 所示。可以在该设置栏对文本的字体、字号、粗细和位置等属性进行更改。

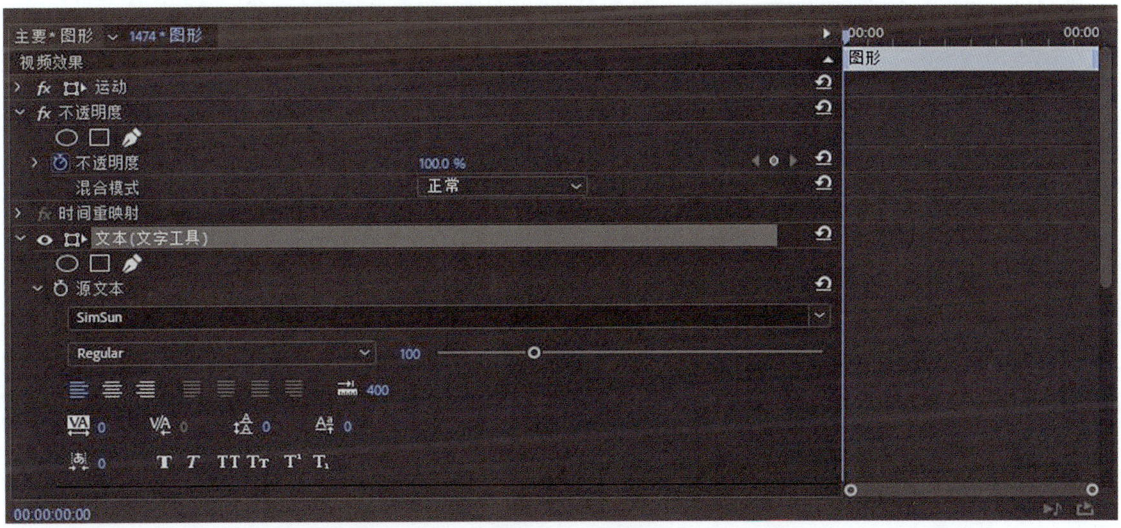

图 1-2-37 “文本（文字工具）” 的设置栏

（十）Premiere 的常用快捷键

Premiere 的常用快捷键见表 1－2－1。

表 1－2－1　Premiere 的常用快捷键

工具箱	快捷键	工具箱	快捷键
选择工具	V	向左 1 帧	←
向前选择轨道工具	A	向右 5 帧	Shift+ →
向后选择轨道工具	Shift+A	向左 5 帧	Shift+ ←
波纹编辑工具	B	撤销操作	Ctrl+Z
滚动编辑工具	N	保存项目文件	Ctrl+S
比率拉伸工具	R	添加标记	M
重新混合工具	无	取消视频 / 音频连接	Ctrl+L
剃刀工具	C	预渲染	Enter
内滑工具	U	删除	Delete
外滑工具	Y	设置起始选择点	I
手形工具	H	设置结束选择点	O
钢笔工具	P	沿时间轴向右移动 1 帧	Alt+ →
文字工具	T	沿时间轴向左移动 1 帧	Alt+ ←
缩放工具	Z	沿时间轴向右移动 5 帧	Alt+Shift+ →
向右 1 帧	→	沿时间轴向左移动 5 帧	Alt+Shift+ ←

五、创建正确的序列

序列是由多个场景汇集而成的一个视频或影片，结合了时间、逻辑和故事发展顺序。它就像一卷虚拟的录像带，可以播放已剪辑好的视频。在剪辑视频之前，需要创建一个空的序列，以便将所有需要的视频与音频素材填充进去。

执行“文件→新建→序列”命令，弹出新建序列对话框。该对话框中的选项几乎覆盖了市场上主流单反 / 无反相机和电影机的预设列表，以及与它们相对应的描述。在选择预设时，首先要选择机型 / 格式，然后选择分辨率，最后选择帧率。这里选择 Digital SLR（机型）、1080p（1920 × 1080 分辨率逐行扫描）和 DSLR 1080p24（电子单反相机 1920 × 1080 分辨率 24 帧逐行扫描），对“序列名称”命名后，单击“确定”按钮即可，如图 1－2－38 所示。这个电子单反相机序列也可以用于目前流行的微单相机（无反相机）。

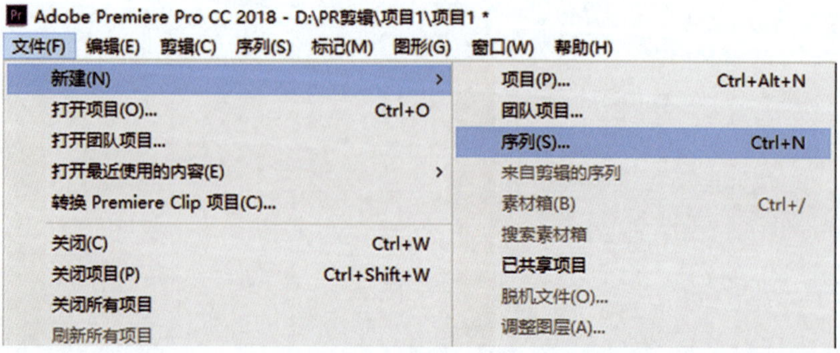

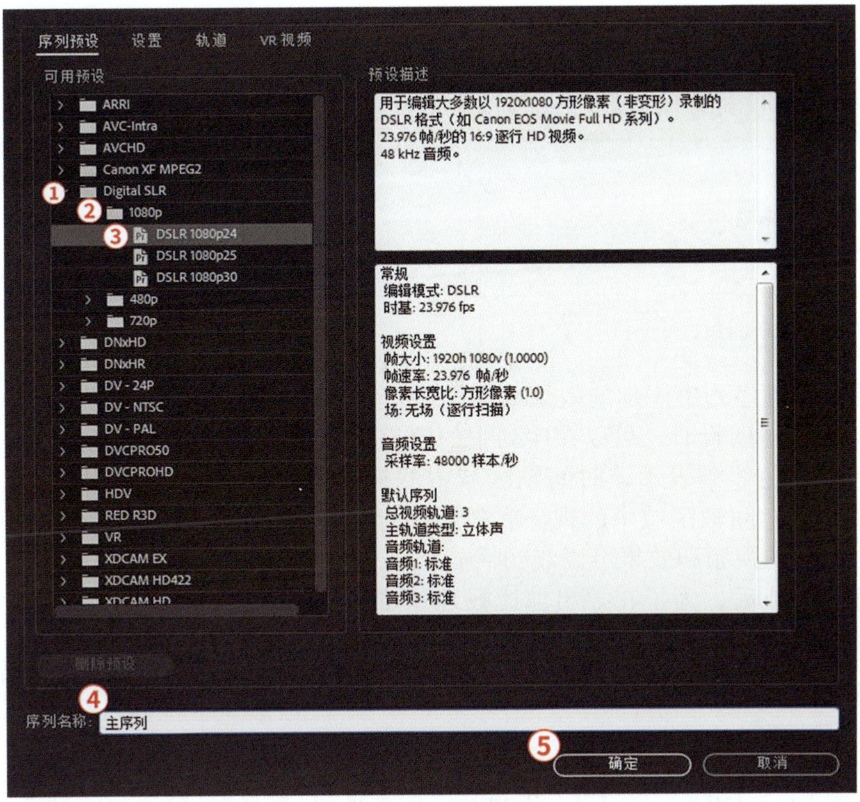

图 1-2-38　创建序列的步骤

创建完成后，在“项目”面板中查看生成的序列文件时，“时间轴”面板中也会自动显示该文件，如图 1-2-39 所示。

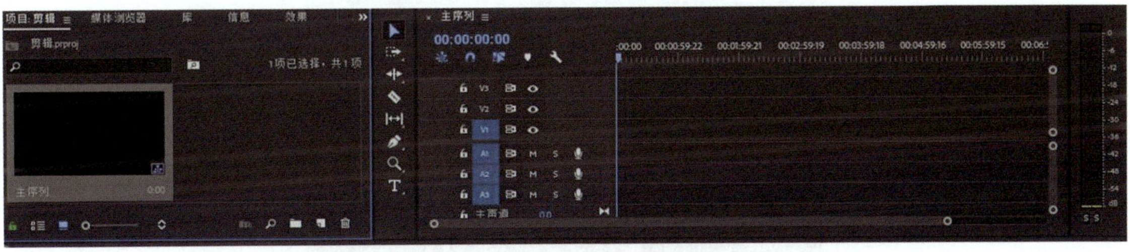

图 1-2-39　创建的序列

实操练习

打开 Premiere，熟悉 Premiere 的工作界面与常用工具，练习不同的导入素材的方法。

任务三 视频的渲染、导出与格式的选择

知识链接

一、视频的渲染

渲染是对视频序列中添加的效果或动画进行计算和处理，以便将它们整合到视频中。使用 Premiere 进行剪辑时，可以在序列中的轨道上方看到三种颜色的线条，分别是黄色、红色和绿色。黄色线条表示该时间轴区域中的视频和效果可能会产生回放卡顿的现象，红色线条表示该时间轴区域中的视频和效果一定会产生回放卡顿的现象，绿色线条表示该时间轴区域中的视频和效果可以流畅播放。

视频剪辑完成后，为了在导出前流畅地预览最终效果并检查剪辑是否有误，需要进行预渲染操作。如果没有添加复杂的效果，轨道上方通常不会出现红色线条，可以不进行预渲染。但对于高质量的影片来说，通常会添加较多的效果和动画，因此预渲染非常必要。

预渲染的操作非常简单，选择“选择工具”，然后单击“时间轴”面板（序列）以保持选择，最后按“Enter”键即可。Premiere 的渲染信息对话框会显示渲染进度和剩余的渲染时间，如图 1－3－1 所示。在渲染过程中，用户可以随时取消渲染，这不会对序列和素材文件造成任何影响。

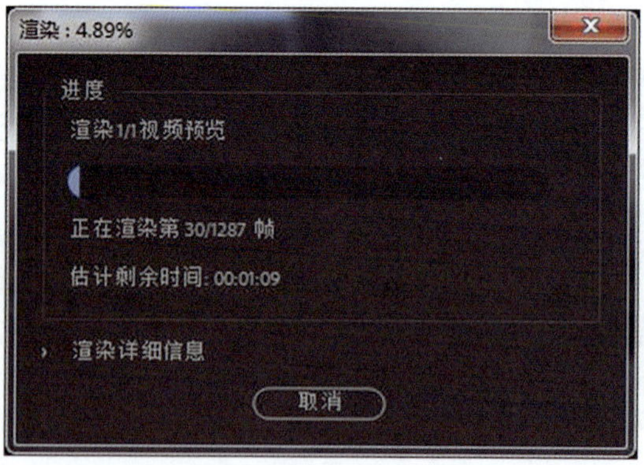

图 1－3－1　渲染信息

二、导出与压制

导出与压制是在视频剪辑和回放预览工序全部完成后，将序列中的素材进行最终整合和计算，生成一个单独的视频文件（如 .mp4 文件）的过程。执行“文件→导出→媒体”命令，打开“导出设置”对话框，可以对“格式”（编码）、“预设”和“输出名称”等细节进行修改，如图 1－3－2 所示。

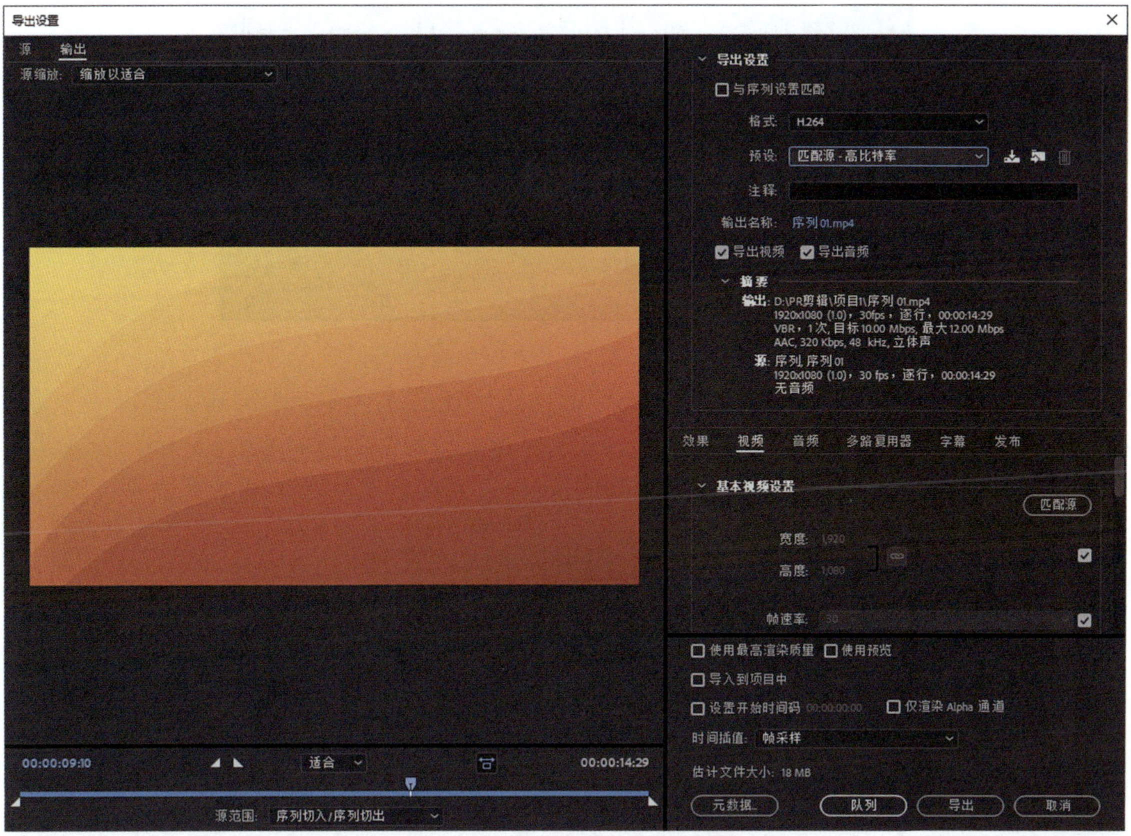

图 1-3-2 “导出设置”对话框

保持“格式”为 H.264 不变，设置“预设”为 High Quality 1080p HD，如图 1-3-3 所示。

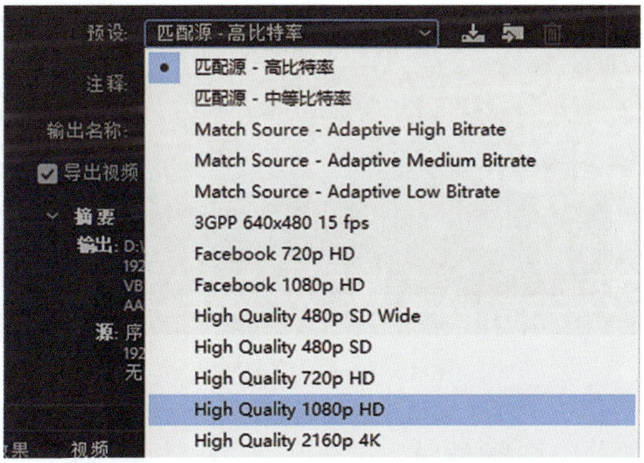

图 1-3-3 设置“预设”选项

将对话框最大化，显示被遮挡的选项，并将右侧的控制条向下拉，勾选“以最大深度渲染”选项，如图 1-3-4 所示。

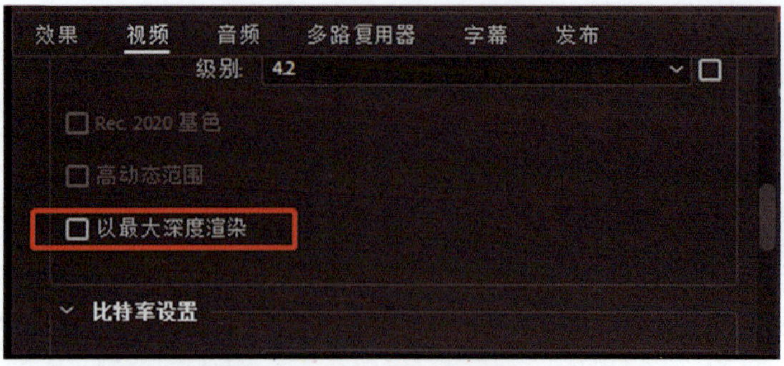

图 1－3－4　勾选“以最大深度渲染”选项

将右侧的控制条继续向下拉，设置“比特率编码”为图 1－3－5 所示的任意一种。其中，VBR（Variable Bit Rate，动态比特率）即整部视频的码率不恒定；CBR（Constant Bit Rate，恒定比特率）即整部视频的码率恒定。这两种设置属于不同的算法，且因为用途不同，目标“比特率编码”的需求也不同，所以“比特率编码”的设置不是一成不变的。目前，这两种设置均能满足 1080p full HD 的画质需求。如果素材为网络上传视频，推荐选用“VBR，2 次”编码方式。

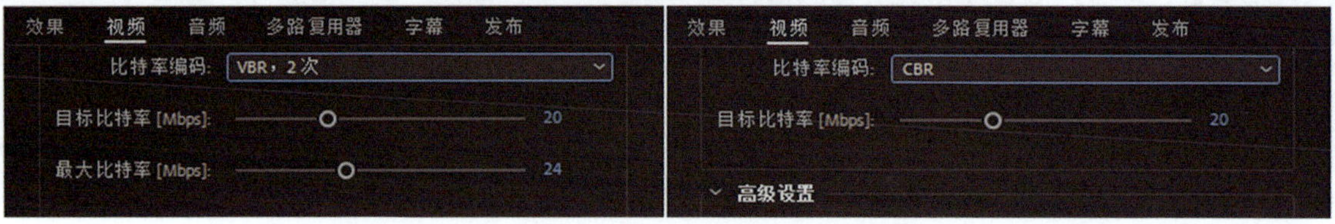

图 1－3－5　设置“比特率编码”选项

勾选“使用最高渲染质量”（增强画质）与“使用预览”（加快压制速度）选项，即可完成压制参数的设置，最后单击“导出”按钮进行视频的渲染输出，如图 1－3－6 所示。

图 1－3－6　渲染输出

三、视频编码方式与视频格式

视频的基本属性包括格式、帧率和分辨率等，了解这些属性有助于我们筛选素材、统一文件格式，以及避免视频无法播放等问题。

视频编码方式是指利用特定的压缩技术，将原始格式的视频文件转换成另一种格式的视频文件，常用的视频编码格式如图 1－3－7 所示。

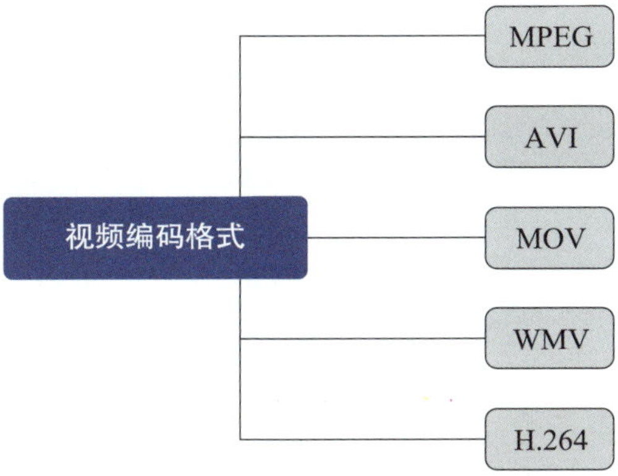

图 1－3－7　常用的视频编码格式

视频编解码器是一种软件或设备，能够对数字视频进行压缩或解压缩，从而正常播放视频，如图 1－3－8 所示。在 Premiere 中，通常使用默认的编解码器，以确保视频在大多数设备上能够正常播放。如果涉及特定的视频要求，可能需要根据实际情况更改编解码器，有时只有特殊的编解码器才能够播放某些视频。

图 1－3－8　视频编解码器

（一）MPEG

MPEG 是指 ISO 和 IEC 在 1988 年成立的专门针对运动图像和语音压缩制定国际标准的组织。该组织制定的 MPEG-1、MPEG-2、MPEG-4、MPEG-7 和 MPEG-21 等标准是运动图像压缩算法的国际标准。其中，VCD 和 DVD 就采用了 MPEG 格式。需要注意的是，MPEG 并不等同于 MP4，MP4 是采用 MPEG 编码的视频格式之一，可以使较小的文件具有较高的图像质量，因此 MP4 成为较常用的视频格式。

在 Premiere 中导出视频时，可以在“格式”下拉列表中看到与 MPEG 相关的格式选项，如图 1－3－9 所示，根据不同的应用场景选择相应的格式即可。例如，MPEG-1 主要应用于 VCD，MPEG-2 主要应用于 DVD，MPEG-4 主要应用于手机视频。

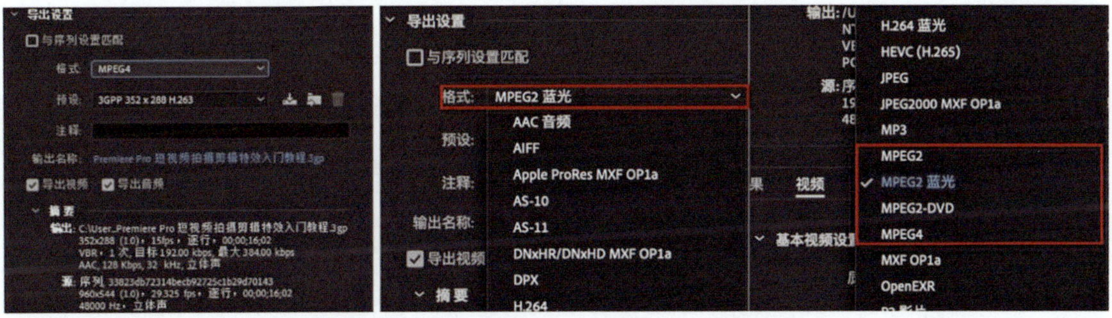

图 1－3－9　与 MPEG 相关的格式选项

（二）AVI

AVI 是一种应用广泛的视频格式，具有较好的兼容性，不仅可以在 Windows 系统平台上播放，还可以跨多个平台使用，同时也广泛应用于 DVD 和 VCD。

AVI 格式的优点是具有较高的压缩能力，同时音频保真度较高。缺点是视频质量会随着压缩程度变化，压缩程度越高，视频质量越低，反之则越高。另外，AVI 格式属于有损压缩格式，采用这种格式压缩的视频，质量会有不同程度的损失。AVI 格式选项如图 1－3－10 所示。

（三）MOV

MOV 即 QuickTime 影片格式，是由苹果公司推出的一种视频、音频文件格式。在“格式”下拉列表中选择“ QuickTime”选项即可导出 MOV 格式的视频，如图 1－3－11 所示。

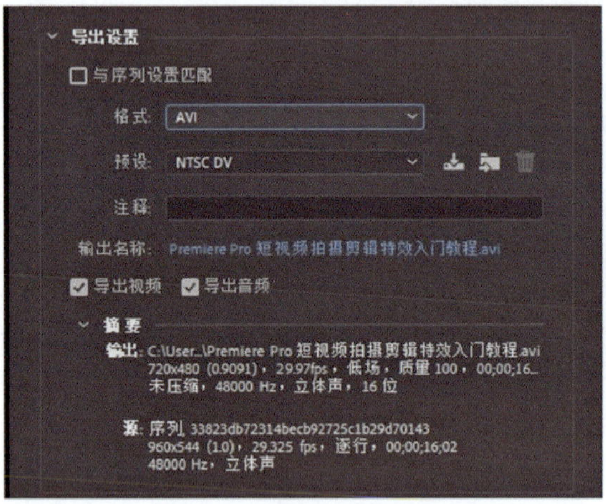

图 1－3－10　AVI 格式选项

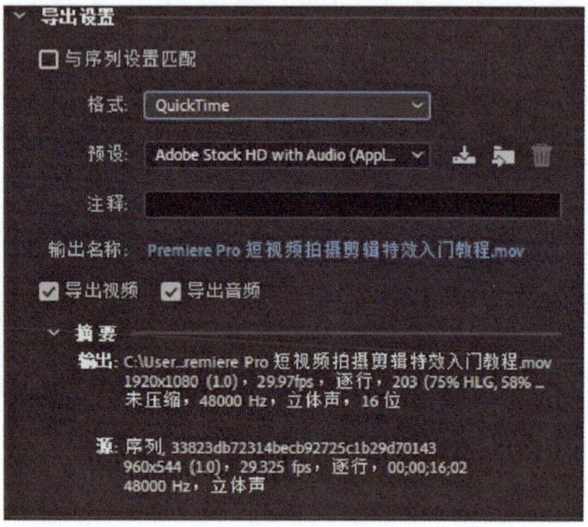

图 1－3－11　MOV 格式选择

MOV 格式和 AVI 格式都具有跨平台播放的优点，但 MOV 格式相较于 AVI 格式来说，视频画面质量更高。此外，MOV 格式还经常被用来保存带有透明通道的视频，即视频中有透明的背景。需要注意的是，MOV 格式文件的体积较大，会影响播放效率，因此权衡视频大小与视频质量的关系非常重要。

（四）WMV

WMV 格式是微软公司开发的一系列视频编码和与其相关的视频编码格式的统称。它属于 Windows 系统媒体框架的一部分，主要用于存储和传输视频内容。WMV 格式选项如图 1－3－12 所示。

WMV 格式的主要优点是支持本地或网络回放，是一种可扩充、可伸缩的媒体类型，同时具有多语言支持、环境独立性、丰富的流间关系以及扩展性等特点。在视频质量和文件大小方面，WMV 格式在同等视频质量下能够实现更小的文件大小，更加适合网上播放和传输。WMV 格式也存在一些缺点，它比较依赖 Windows 系统，在某些平台上可能会出现无法播放的问题。因此，使用 WMV 格式时需要注意其可能存在的兼容性问题。

（五）H.264

H.264 是一种由 MPEG 制定的压缩视频编码标准，它是继 MPEG-4 之后的新一代数字视频压缩格式，也是个人视频创作者常用的格式。该格式可以在保持视频画面质量的同时，有效降低文件的大小，使其更加便于传输和保存。在 Premiere 中，使用 H.264 格式可以更快地导出视频，导出的视频文件扩展名为 .mp4，这类文件具有很强的兼容性和适应性，可以在多种平台上播放。H.264 格式选项如图 1－3－13 所示。

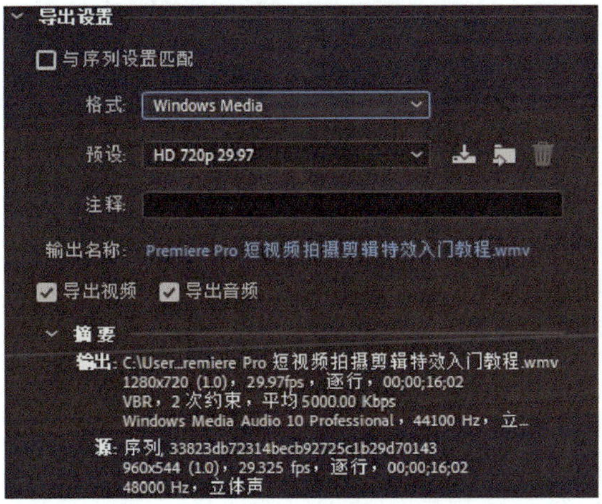

图 1－3－12　WMV 格式选项

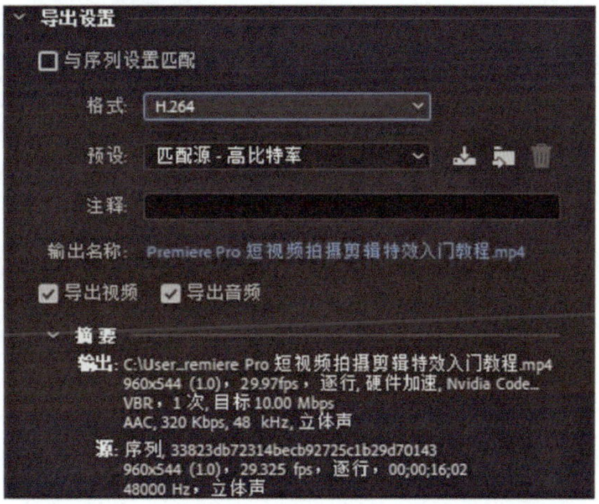

图 1－3－13　H.264 格式选项

（六）蓝光

蓝光（Blu-ray Disc）是一种高画质影音储存光盘媒体格式，支持 Full HD 影像与高音质规格。相比 DVD，蓝光具有更高的视频分辨率，蓝光视频的最低分辨率为 1080p，观看体验较好。想要刻录蓝光光盘，不仅需要相应的设备，还要求原视频分辨率达到 1080p。因此，对于个人制作者而言，蓝光格式不太常用。

四、视频分辨率与帧率

人们在视频网站观看电影时可以选择清晰度为 1080p 或 4K，使用手机或相机拍摄视频时可以选择清晰度为 1080p 或 720p，这些选项都与视频分辨率有关。那么，视频分辨率是如何影响视频效果的呢？选择哪种分辨率最好？视频分辨率越高越好吗？

下面将详细介绍视频分辨率的相关知识。

（一）认识视频分辨率

分辨率是用于衡量图像中像素数量的参数。例如，1920px × 1080px 的分辨率表示图像在横向和纵向上的像素分别为 1920px 和 1080px。可以认为，在横向和纵向上的像素越多，图像的显示精细度就越高，在大屏幕上播放的效果就越清晰。相反，如果像素较少，在大屏幕上播放的效果就会比较模糊。当同一视频的分辨率分别设置为 720px × 480px 和 1920px × 1080px 时，可以明显看出分辨率高的视频更加清晰，如图 1－3－14 所示。

需要注意的是，如果视频素材本身只有 720p（p 表示逐行扫描），即使在 Premiere 中将其设置为 1080p，最终也无法达到 1080p 或更高分辨率的效果。如果拍摄的视频素材本身是 4K，则可以利用 Premiere 将其修改为 1080p 或 720p 等低分辨率。可见，分辨率的修改只能由高到低。

图 1-3-14 720px × 480px 分辨率与 1920px × 1080px 分辨率对比

（二）常见的视频分辨率

对于初学视频剪辑的同学来说，常常只追求高清晰度而没有考虑视频的实际用途，这可能会导致不必要的错误发生。因此，视频分辨率的设置需要根据实际情况而定，在前期拍摄时需要考虑后期的制作要求。

人们通常将 480p（640px × 480px）称为标清或流畅，720p（1280px × 720px）称为高清，1080p（1920px × 1080px）称为超清。大多数视频网站支持清晰度切换。如果对视频有更高的要求，而且素材达到相应的标准，4K 分辨率也是一种不错的选择。需要注意的是，4K 视频的播放需要硬件支持，也就是说在支持 4K 的显示器上才能显示相应的效果。

总之，选择视频分辨率时需要考虑实际需求和硬件支持情况。4K 分辨率与 1080p 分辨率比例示意如图 1-3-15 所示。

图 1-3-15 4K 分辨率与 1080p 分辨率比例示意

（三）有损压缩和无损压缩

计算机的存储空间有限，为了更好地利用空间，需要时常整理文件并采用合理的减小文件体积的方法，压缩便是常用方法之一。压缩分为有损压缩和无损压缩。

有损压缩是指利用人对图像或声波中的某些频率成分不敏感的特性，在压缩过程中允许损失一定的信息，从而获得更大的压缩比。损失的信息对人们理解原始素材的影响较小。例如，H.264 便是一种常用的有损压缩视频格式，在保证一定视频质量的前提下，有效减小了文件体积。

无损压缩是指可完全恢复原始数据且不会引起任何失真的压缩方式。它的优势在于没有任何信号丢失、音质高、转换方便，缺点则是占用空间大、硬件支持差等。因此，无损压缩在视频制作过程中应用较少，多用于音频制作。如 FLAC 格式便是音频无损压缩格式，如图 1-3-16 所示。

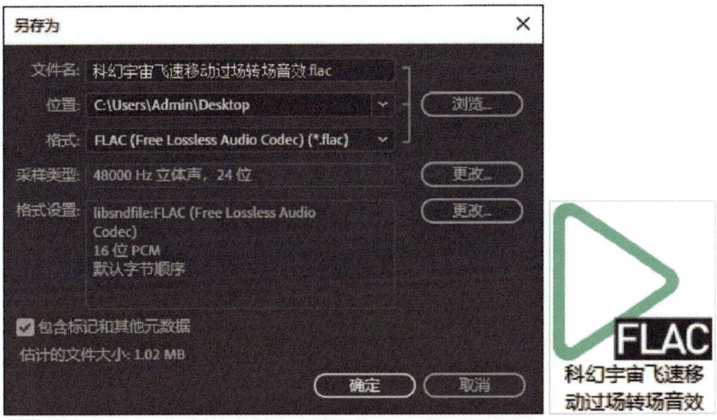

图 1－3－16　无损压缩格式选项

（四）帧率

帧率是指位图图像在显示器上连续出现的频率或速率，以每秒显示的帧数来衡量。例如，以 1 秒为单位，每帧看作 1 张图片，那么 1 秒 30 帧意味着 1 秒钟出现 30 张图片，而 1 秒 2 帧则意味着 1 秒钟只出现 2 张图片。

在同一个镜头下，8 帧 / 秒和 4 帧 / 秒的效果是不同的，如图 1－3－17 和图 1－3－18 所示。可以看出，后者会产生画面不连贯的感觉。因此，每秒显示的帧数越多，画面越流畅。

图 1－3－17　8 帧 / 秒画面示意

图 1－3－18　4 帧 / 秒画面示意

人的眼睛具有特殊的生理构造，当看到的画面的帧率高于每秒 10 ～ 12 帧时，便会认为画面是连贯的，这种现象称为视觉暂留。

在视频制作中，帧率的设置极为重要，设置不正确就会影响视觉效果。例如，帧率设置过低有可能导致视频画面不连贯，设置过高会出现无用帧。

因为帧率也需要硬件配合，所以帧率越高，对计算机硬件的要求也越高。另外，帧率与分辨率一样只能由高改低，不能由低改高。在拍摄素材时，如果帧率设为 30 帧 / 秒，那么后期是无法修改为高于 30 帧 / 秒的，如果前期素材的帧率为 60 帧 / 秒，则可以在后期修改，使其低于 60 帧 / 秒。目前，24 帧 / 秒是电影帧率的标准，因为较低的帧率可以捕捉更多的运动模糊，使动作显得更加真实，25 帧 / 秒或 30 帧 / 秒适用于电视拍摄和网络视频播放，120 帧 / 秒或 240 帧 / 秒大多用于慢动作拍摄，同学们可根据需求选择和设置。常见帧率应用说明如图 1 - 3 - 19 所示。

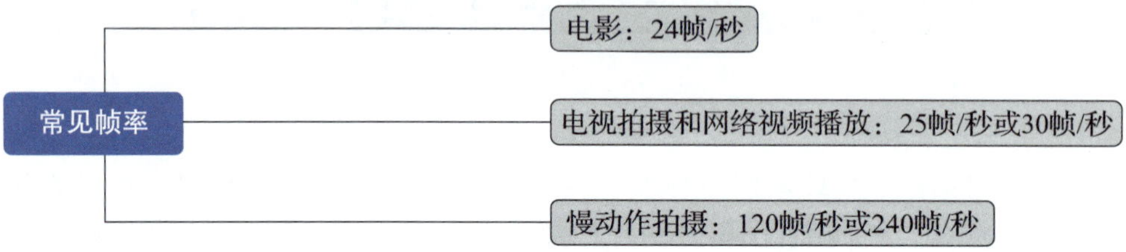

图 1 - 3 - 19　常见帧率应用说明

实操练习

剪辑一段素材，然后进行渲染，最后选择适合的格式和分辨率导出成片。

2 项目二　Premiere 关键帧的使用

知识目标

- 了解关键帧的概念、原理与功能。
- 掌握关键帧的原理与使用方法。

能力目标

- 掌握创建与编辑关键帧的方法。
- 掌握关键帧差值的使用技巧。

素质目标

- 通过钻研软件技术，挖掘工具的深层应用方法，培养专注精神。
- 培养综合应用软件技术分析问题、解决问题的职业能力。

在 Premiere 中，关键帧是调整视频特效的重要工具，允许用户在不同的时间设置不同的视频特效参数值，以改变视频在播放进程中的效果，如呈现运动特效、音频淡入/淡出等。

通过设置关键帧的属性，可以在时间轴上对视频的特定部分进行更精确的控制。每个关键帧代表视频特效的一种状态，两个关键帧之间的部分便可定义一个动画或效果的变化过程。例如，可以通过添加关键帧来改变视频中某个元素的位置或透明度等属性，并让它在不同的时间点有不同的值。

总之，利用好关键帧可以创建更具吸引力和动感的视频作品。

任务一 认识关键帧

知识链接

一、什么是关键帧

关键帧是指在时间轴特定位置上标记的关键点，这些关键点可以用来控制视频和音频的属性，进而以更精细的方式编辑画面，达到更好的效果。

二、关键帧的作用

（一）调整视频属性

可以使用关键帧调整视频的大小、位置、透明度、旋转、颜色等属性，使视频效果更加出色。例如，文字逐渐显现的效果或者镜头移动的效果均可通过关键帧制作。

（二）调整音频属性

音频关键帧可以调整音频的音量、平衡、音高等属性，使音频效果更加自然。例如，可以通过音频关键帧使音乐音量在某个时间点突然变大或变小，或者使某个声音从左边转到右边。

（三）制作过渡效果

使用关键帧可以制作平滑的过渡效果。例如，在两段视频之间添加一个淡入 / 淡出的过渡效果，使影片更加自然流畅。

（四）调整动画

可以使用关键帧控制物体的位置、大小、旋转等属性，使动画更加流畅。

三、关键帧的用法

（一）添加关键帧

在时间轴上找到要添加关键帧的属性，右击鼠标，在弹出的快捷菜单中选择“添加关键帧”命令即可。

（二）移动关键帧

移动关键帧可以调整视频或音频属性的值，方法是将光标放在关键帧上，然后按住鼠标左键拖动。

（三）删除关键帧

选择要删除的关键帧，按“Delete”键即可。

（四）调整关键帧弹性

调整关键帧弹性可以使动画更加自然。在关键帧上右击鼠标，在弹出的快捷菜单中选择“速度和持续时间”命令，然后调整速度和持续时间参数。

四、关键帧的工作原理

“帧”即动画中的最小单位——单幅画面，视频就是由多张连续的帧组成的，如图 2-1-1 所示。“关键帧”就是在画面中起关键作用的帧，任何可以改变的参数都能够设置关键帧动画。

图 2-1-1　多张连续的帧

一般来说，至少需要两个关键帧才能构成运动的画面。例如，要设置“位置”关键帧动画，需要设置位置的开始关键帧①和结束关键帧④，Premiere 会自动生成这两个关键帧之间的运动过程②和③，如图 2-1-2 所示。

图 2-1-2　关键帧原理示意图

五、关键帧的使用注意事项

（一）关键帧的位置

关键帧的位置非常重要，因为它直接影响影片的效果。

（二）关键帧的数量

虽然关键帧可以用于任何属性，但是添加过多的关键帧会使影片变得混乱而难以管理。因此，添加关键帧时应尽量保持简洁。

（三）关键帧的速度

关键帧的速度过快或过慢均会影响影片的效果。

实操练习

复习关键帧的相关知识；上网搜索关键帧在实际剪辑工作中的应用视频并观看学习。

任务二 创建、编辑关键帧与关键帧插值

知识链接

一、创建关键帧

在 Premiere 中创建关键帧的方法有多种，通过“效果控件”面板、“节目”面板和“时间轴”面板都可以创建关键帧。

(一) 通过“效果控件”面板创建关键帧

要通过“效果控件”面板创建关键帧，应先选择需要创建关键帧的素材，然后调出其“效果控件”面板，如图 2-2-1 所示。

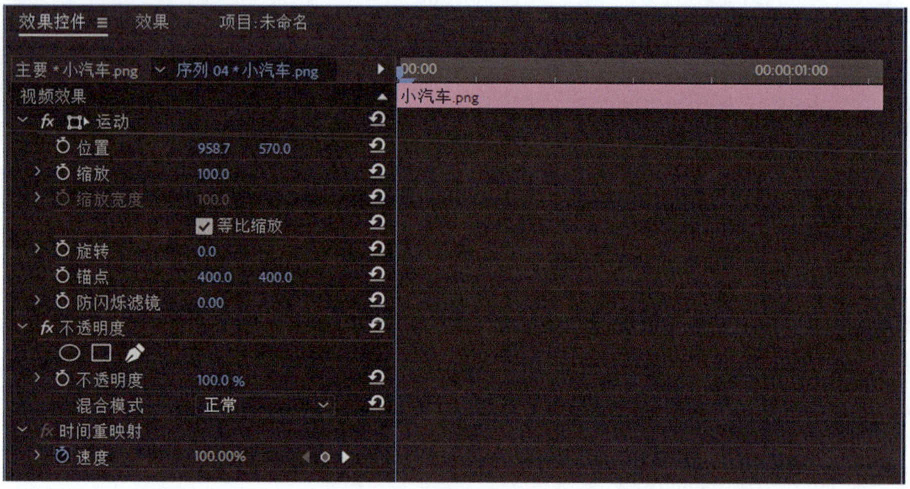

图 2-2-1 在“效果控件”面板选择要创建的关键帧

可以看到，在“效果控件”面板中，每一项可修改的参数前都有一个秒表形状的按钮，如图 2-2-2 所示，单击该按钮便可创建关键帧。

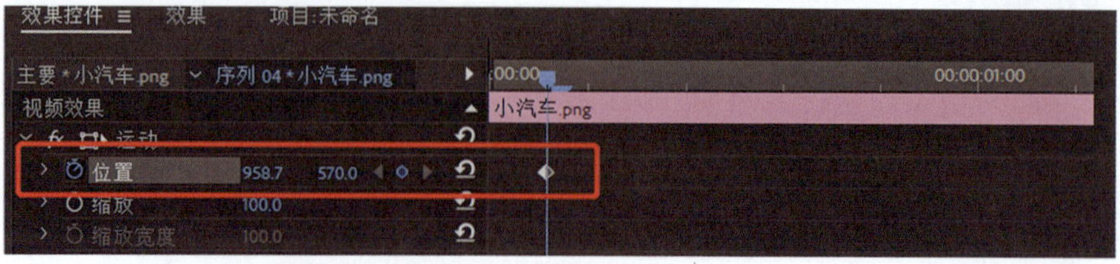

图 2-2-2 单击“秒表”按钮创建关键帧

激活关键帧后，每一次修改参数，关键帧都会自动记录。例如，在 00:00 创建关键帧后，拖曳时间线到 00:20，然后修改位置的参数，Premiere 便会在 00:20 处自动创建记

录关键帧，如图 2-2-3 所示。

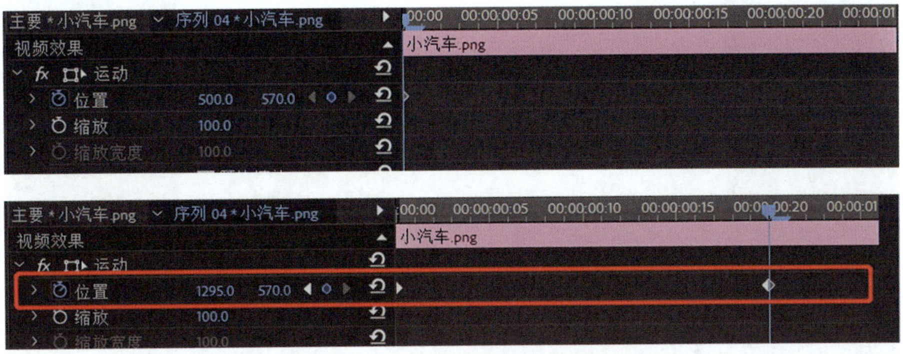

图 2-2-3　自动创建记录关键帧

提示：如果想创建相同的关键帧，可以在拖曳时间线后，单击“添加 / 移除关键帧”按钮手动创建关键帧，位置参数未发生变化，如图 2-2-4 所示。

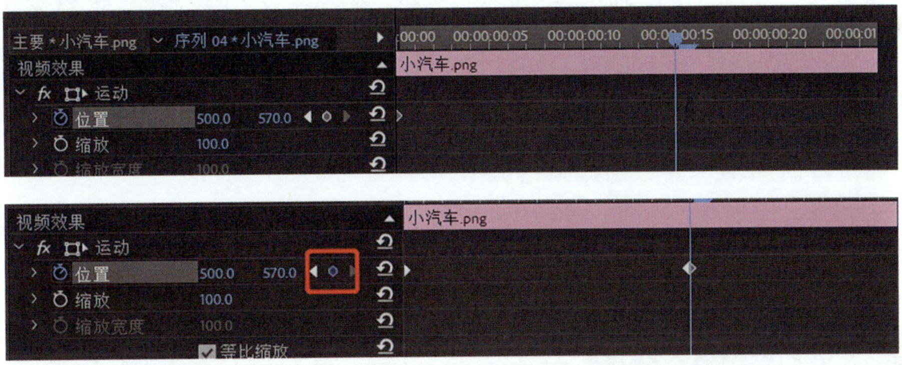

图 2-2-4　在“效果控件”面板手动创建关键帧

(二) 通过“节目”面板创建关键帧

可以在“节目”面板中直观地创建关键帧。以“位置”效果为例，在“效果控件”面板单击“位置”关键帧的“切换动画”按钮，在 00:00 创建关键帧，如图 2-2-5 所示。

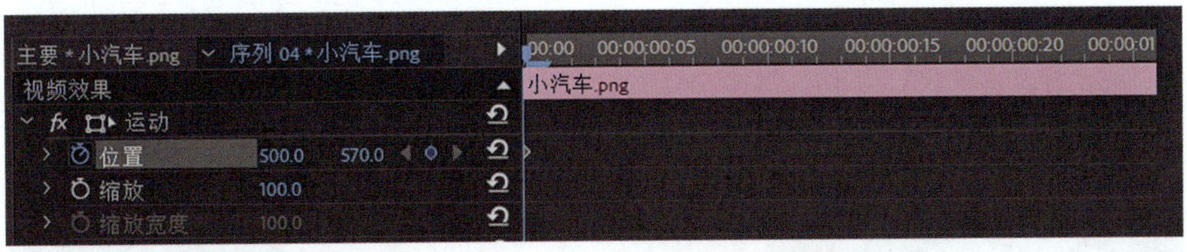

图 2-2-5　在 00:00 创建关键帧

拖曳时间线到想要创建第 2 个关键帧的时间点，在“节目”面板的素材上双击即可。若对素材进行移动等操作，软件也会自动记录并创建第 2 个关键帧，如图 2-2-6 所示。

图 2－2－6　在“节目”面板自动记录并创建关键帧

(三) 通过“时间轴”面板创建关键帧

在“时间轴”面板中双击想要添加关键帧的素材前的空白位置，该轨道会展开，如图 2－2－7 所示。

图 2－2－7　轨道展开

选择该素材并右击鼠标，在弹出的快捷菜单中选择“显示剪辑关键帧”命令，可以设置“运动”“不透明度”“时间重映射”的关键帧，如图 2－2－8 所示。

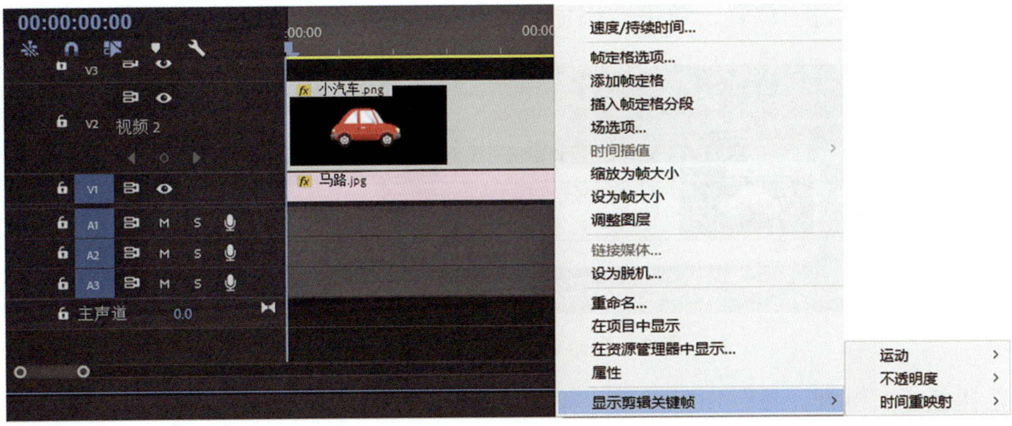

图 2－2－8　设置关键帧

若执行“显示剪辑关键帧→不透明度→不透明度”命令，可以看到素材上出现一条直线，如图 2－2－9 所示。

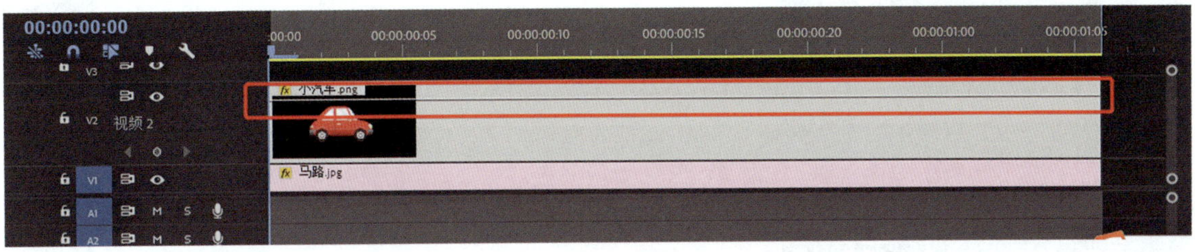

图 2－2－9　“不透明度”的关键帧

这条线为“不透明度”的关键帧，此时参数为 100.0%，将时间线拖曳至要创建关键帧的位置，单击前方的“添加 / 移除关键帧”按钮，为素材的不透明度设置关键帧，如图 2－2－10所示。

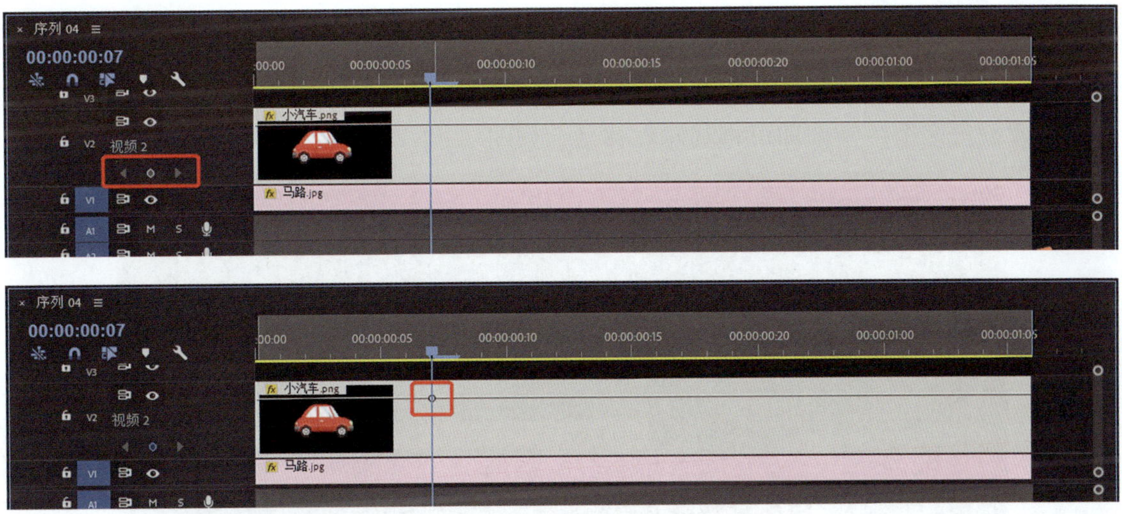

图 2－2－10　为素材的不透明度设置关键帧

拖曳时间线至另一位置，单击“添加 / 移除关键帧”按钮，如图 2-2-11 所示。

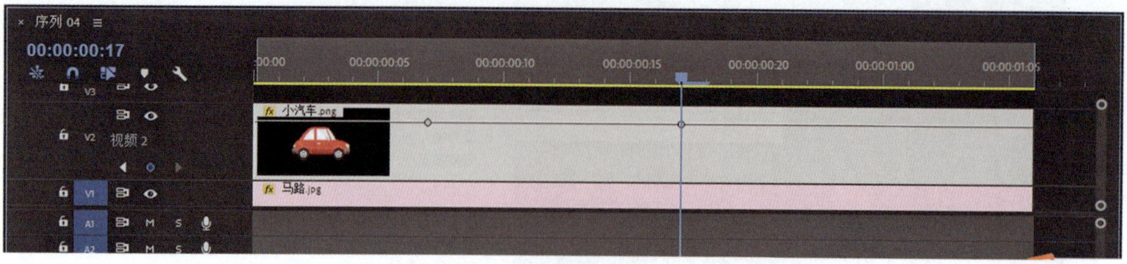

图 2-2-11　添加 / 移除关键帧

选择任意关键帧，按住鼠标左键上下拖曳即可调整不透明度，如图 2-2-12 所示。

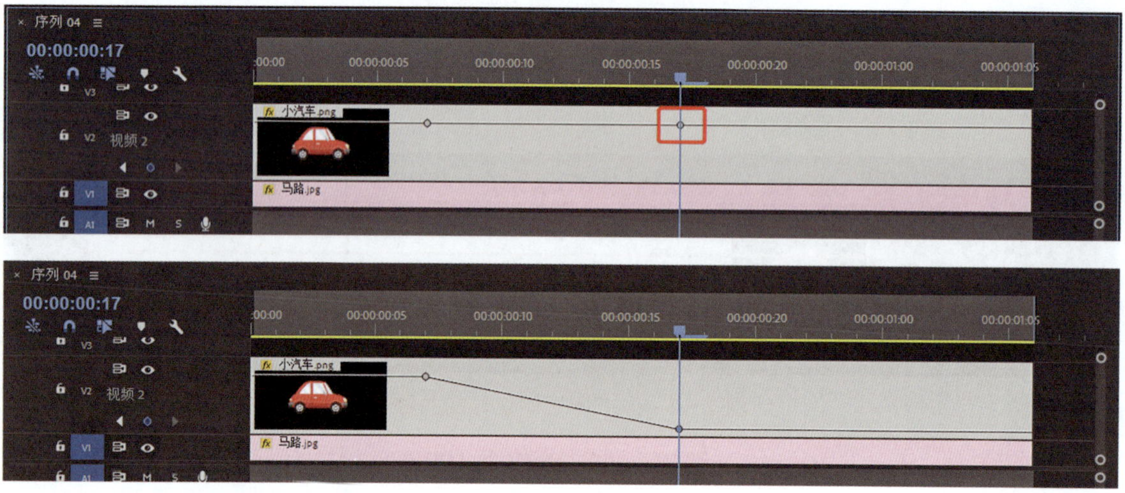

图 2-2-12　调整不透明度

二、编辑关键帧

（一）移动关键帧

在 Premiere 中，关键帧可以单个移动，也可以多个一起移动。使用“移动工具”选择单个或框选多个关键帧即可将其左右移动，如图 2-2-13 所示。

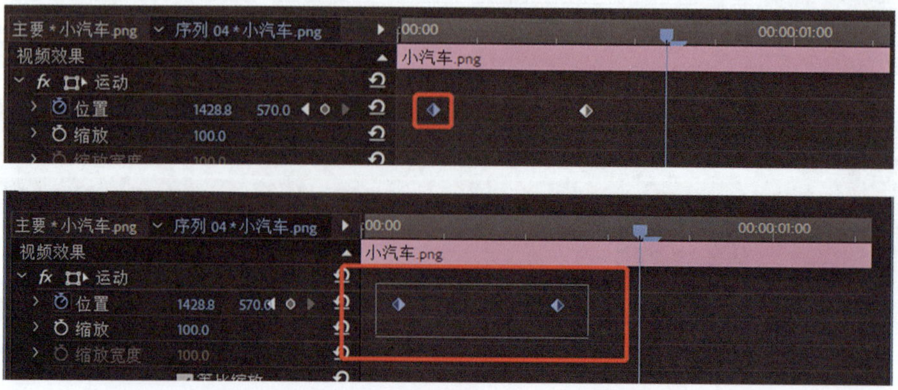

图 2-2-13　使用“移动工具”移动关键帧

有多个关键帧时，可以通过单击“转到上一关键帧”按钮和“转到下一关键帧”按钮来快速选择关键帧，如图 2-2-14 所示。

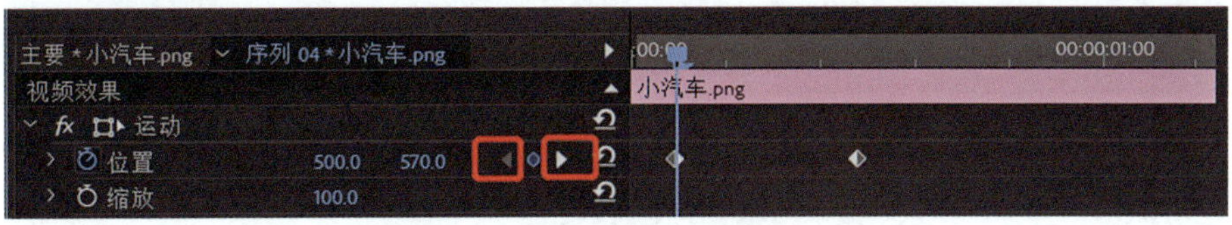

图 2-2-14　快速选择关键帧

（二）删除关键帧

当 Premiere 中出现多余或错误的关键帧时，应将其删除。选择需要删除的单个或多个关键帧，按“Delete”键或“Backspace”键即可，如图 2-2-15 所示。

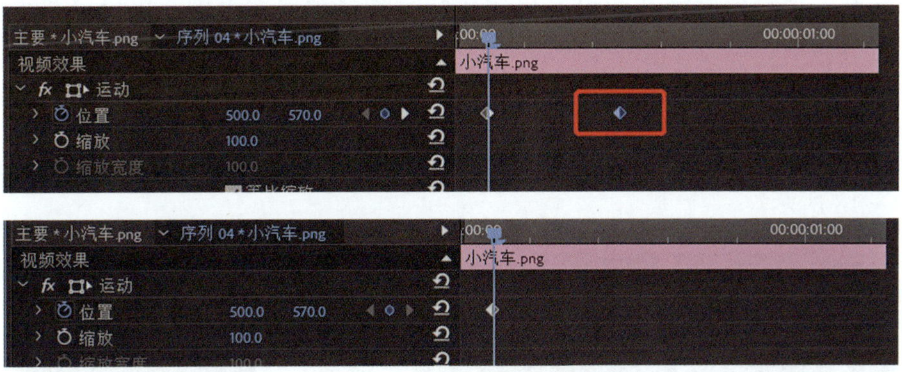

图 2-2-15　删除关键帧

也可以在选择需要删除的关键帧后，右击鼠标，在弹出的快捷菜单中选择“清除”命令删除关键帧，如图 2-2-16 所示。

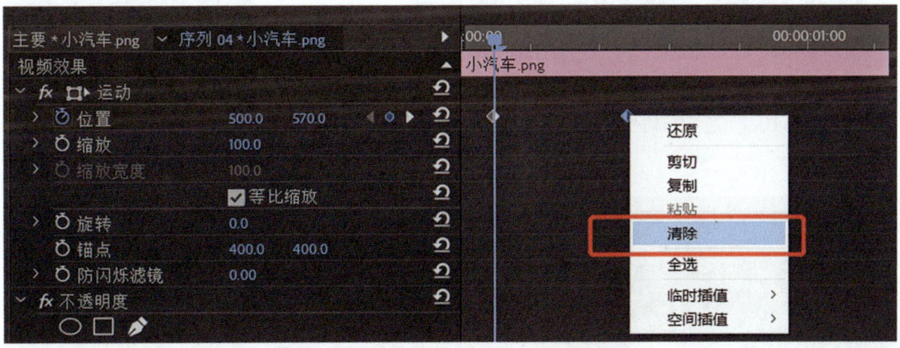

图 2-2-16　选择“清除”命令删除关键帧

还可以将时间线拖曳至要删除的关键帧上，然后单击“添加 / 移除关键帧”按钮删除关键帧，如图 2-2-17 所示。

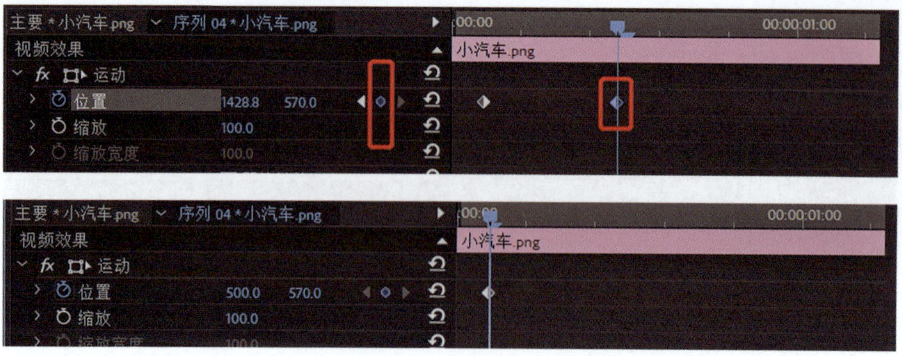

图 2－2－17　单击“添加 / 移除关键帧”按钮删除关键帧

（三）复制关键帧

通过复制、粘贴关键帧功能可以快速对同一素材添加关键帧，也可以对不同素材应用相同的动画效果，提高动画制作的效率。复制、粘贴关键帧的方法有以下 3 种：

（1）选择要复制的关键帧，通过快捷键来操作。复制的快捷键是“Ctrl+C”，粘贴的快捷键是“Ctrl+V”。

（2）选择关键帧后右击鼠标，在弹出的快捷菜单中选择“复制”或“粘贴”命令，如图 2－2－18 所示。

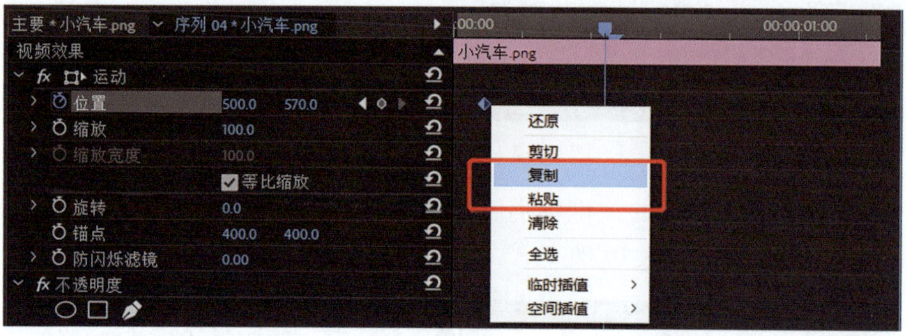

图 2－2－18　选择“复制”或“粘贴”命令

（3）按住“Alt”键和鼠标左键拖曳想要复制的关键帧至目标位置，如图 2－2－19 所示。

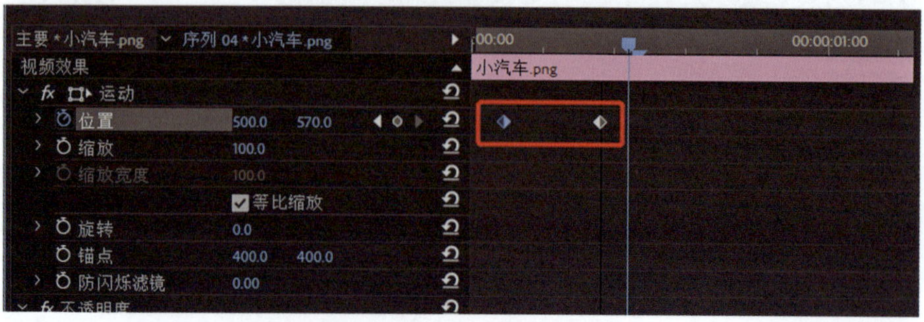

图 2－2－19　拖曳复制关键帧

三、关键帧插值

插值是在两个已知值之间填充未知数据的过程，在 Premiere 中，关键帧插值分为“临时插值”和“空间插值”。

临时插值：可以看作“时间”插值，控制关键帧在时间线上的速度变化状态，例如是匀速运动，还是加速或减速运动。

空间插值：控制关键帧在空间中的变化，也就是运动路径的变化。

（一）临时插值

临时插值包括“线性”“贝塞尔曲线”“自动贝塞尔曲线”“连续贝塞尔曲线”“定格”“缓入”“缓出”7 种。在关键帧上右击鼠标，即可在弹出的快捷菜单中看到这 7 种插值选项，如图 2－2－20 所示。

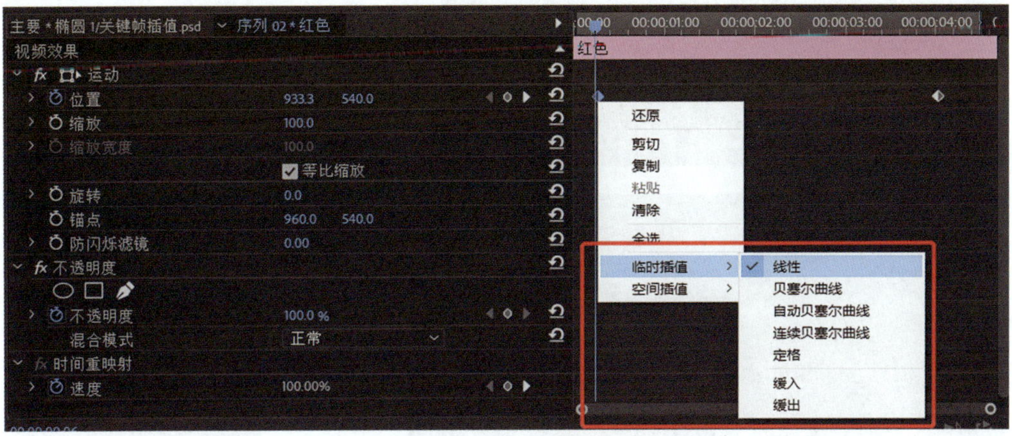

图 2－2－20　临时插值选项

单击“位置”的卷展栏，展开后可以看到一条直线，这条线是速度曲线，用于观察和精细控制速度的变化，如图 2－2－21 所示。

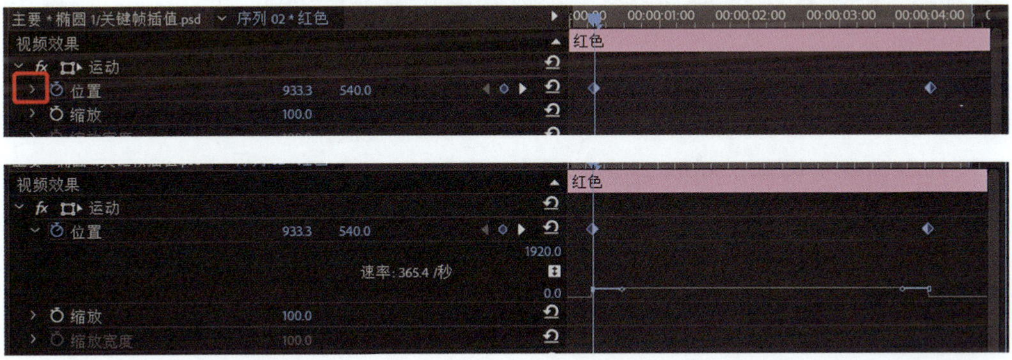

图 2－2－21　速度曲线

关键帧默认为线性插值，也就是匀速运动，所以这条速度曲线是一条直线，没有任何变化。注意观察关键帧的形状是菱形，这也是线性关键帧的形状，如图 2－2－22 所示。

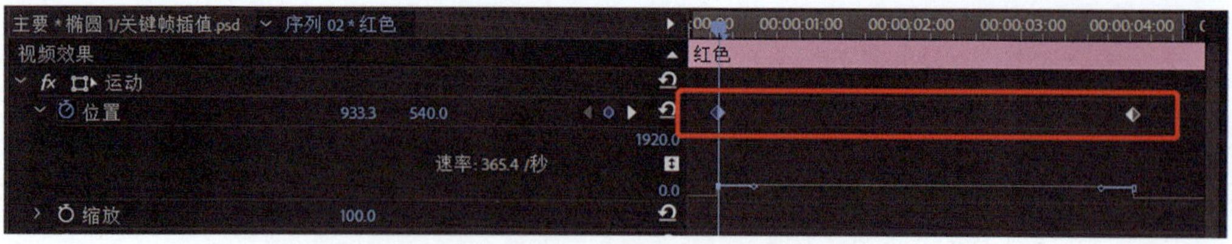

图 2－2－22　线性关键帧的形状

调整速度曲线时，关键帧的临时插值也会相应地发生变化。拖曳手柄调节速度曲线，会发现关键帧的形状发生了变化，在关键帧上右击鼠标，可以发现关键帧插值变为“贝塞尔曲线”，如图 2－2－23 所示。

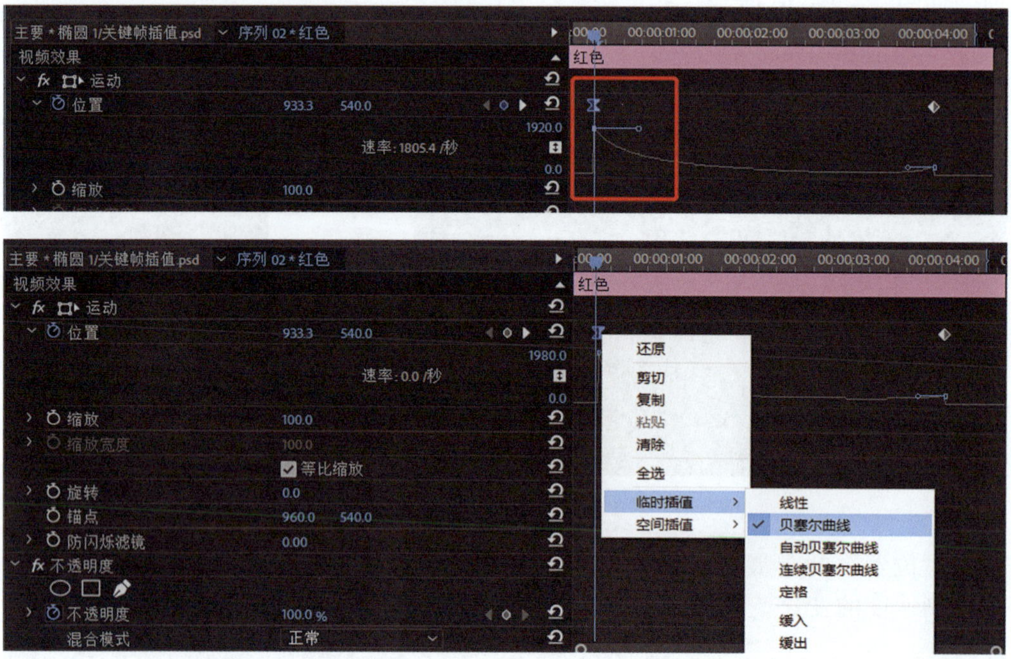

图 2－2－23　调整临时插值

所以，速度曲线发生变化会直接导致关键帧插值变化，它们之间是互相关联、互相影响的。

- 线性：创建关键帧之间的匀速变化。
- 贝塞尔曲线：允许在关键帧的任意一侧手动调整图表的形状和变化速率。使用此方法可创建非常平滑的变化。
- 自动贝塞尔曲线：调整关键帧的平滑变化速率。更改关键帧的值时，“自动贝塞尔曲线”方向手柄会变化，用于维持关键帧之间的平滑过渡。
- 连续贝塞尔曲线：创建通过关键帧的平滑变化速率。
- 定格：更改属性值且不产生渐变过渡。例如，在值图表中，定格关键帧之后的图表段显示为水平直线。
- 缓入：逐渐减慢进入关键帧的值的变化，可以使动画在进入该关键帧时速度减慢。

- 缓出：逐渐加快离开关键帧的值的变化，可以使动画在离开该关键帧时速率加快。

注意： 虽然插值法可以更改关键帧之间的属性变化速率，但无法更改关键帧之间的实际持续时间。持续时间取决于关键帧之间的时间（即时间标尺中的距离）。

（二）空间插值

空间插值包括“线性”“贝塞尔曲线”“自动贝塞尔曲线”“连续贝塞尔曲线”4种。

- 线性：“线性”插值是关键帧之间较为直接的过渡方式，一般为直线，如图2-2-24所示。

图2-2-24　空间插值“线性”效果示意

- 贝塞尔曲线：使用“贝塞尔曲线”插值可以让关键帧之间的过渡以曲线进行，动作效果更加柔和，如图2-2-25所示。

图2-2-25　空间插值“贝塞尔曲线”效果示意

- 自动贝塞尔曲线：在关键帧之间创建动画时，“自动贝塞尔曲线”会自动计算出最合适的曲线形状，以确保动画的流畅性和自然性。
- 连续贝塞尔曲线：“连续贝塞尔曲线”插值的效果与“贝塞尔曲线”相同，能够通过平缓的效果表现关键帧之间的动画。拖曳锚点来调节贝塞尔曲线的弯曲程度时，贝塞尔曲线会自动转化为连续贝塞尔曲线。

实操练习

使用关键帧制作滑动变焦效果。

关键帧的使用

使用关键帧制作滑动变焦效果

3 项目三　蒙版的应用

知识目标

- 了解蒙版的概念和作用。
- 熟悉蒙版的属性和选项。

能力目标

- 掌握创建与编辑蒙版的方法。
- 掌握蒙版动画制作方法。
- 能够熟练使用蒙版进行视频剪辑和特效制作。

素质目标

- 提升创意能力，提高工作效率。
- 拓展知识面，提高综合运用各种编辑工具的能力。

Premiere 中的蒙版是一种遮罩工具，允许用户在特定区域内进行编辑，同时保护其他区域不受影响。

蒙版的操作包括创建和编辑蒙版路径、调整蒙版羽化、反转蒙版等。对静态图片等素材应用蒙版后，可以实现快速抠图。

任务一 认识蒙版

知识链接

一、什么是蒙版

Premiere 中的蒙版类似于 Photoshop 中的图层蒙版，都是用于遮罩或保护特定区域的工具。蒙版被视为一个路径，可由椭圆形、矩形和钢笔工具创建，也可以使用具有 Alpha 通道的图像作为蒙版。可以通过蒙版创建多种效果，如图像边缘淡化、图层间的融合等。蒙版工具如图 3－1－1 所示。

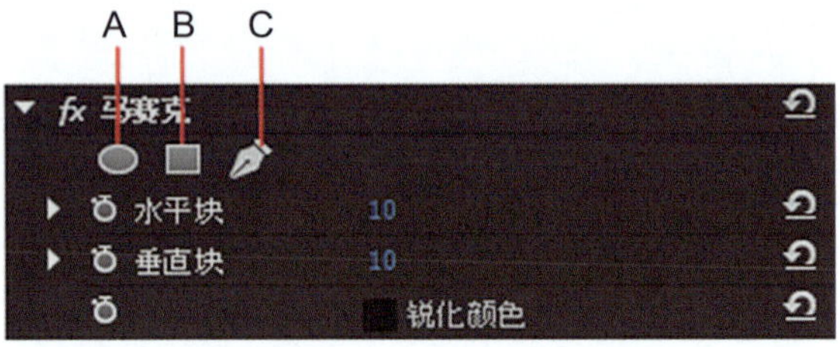

图 3－1－1　蒙版工具

A—椭圆工具；B—矩形工具；C—钢笔工具

二、蒙版的作用

（一）修饰画面

蒙版可以用来修饰视频画面的特定区域，如改变特定区域的颜色、亮度或模糊程度，从而实现对整体画面的精细调整。

（二）控制可见性

蒙版可以用来创建透明区域，通过调整蒙版的透明度，可以控制视频中特定元素的可见性。例如，可以在不删除元素的情况下将其暂时隐藏。

（三）创建特殊效果

通过创建复杂形状的蒙版，可以制作出特殊的视觉效果，如局部马赛克、镜像等。

（四）与其他工具结合

蒙版可以与颜色校正、过渡效果、运动跟踪等 Premiere 工具结合使用，制作出更加丰富且复杂的视频效果。

三、在 Premiere 中使用蒙版的注意事项

在 Premiere 中，使用蒙版时需要注意以下三个方面：

（一）保持蒙版比例

调整蒙版大小时，应尽量保持蒙版的比例不变，以避免视频失真或变形。

（二）调整蒙版位置

调整蒙版大小后，蒙版的位置也会发生变化，因此应注意调整蒙版的位置，以达到最佳效果。

（三）考虑视频分辨率

调整蒙版大小时，应注意视频的分辨率。如果蒙版的大小超过了视频的分辨率，可能会导致蒙版显示不全或者被裁剪。

实操练习

打开 Premiere，熟悉使用椭圆工具、矩形工具与钢笔工具创建蒙版的方法。

任务二 蒙版应用实践

知识链接

一、创建与绘制蒙版

（一）使用“形状工具”创建蒙版

Premiere 提供了两种形状工具：创建圆形或椭圆形蒙版的“椭圆工具”，创建矩形蒙版的“矩形工具”。

在“时间轴”面板中，选择包含蒙版区域的剪辑；从“效果”面板中，选择要应用于蒙版区域的效果。例如，要应用“马赛克”效果，可依次选择“视频效果”→“风格化”→“马赛克”。

将“效果”面板中的效果图标拖动到“时间轴”面板中的剪辑上，即可应用所选效果。或者先选择剪辑，然后在“效果”面板中双击某个效果也可以应用该效果。

剪辑中出现的形状蒙版显示在节目监视器中，效果则被限制在蒙版区域内。

（二）使用“钢笔工具”创建自由形状蒙版

使用“钢笔工具”可以围绕目标自由绘制形状复杂的蒙版。使用“钢笔工具”绘制的最简单的路径是具有两个顶点的线段；连续单击鼠标可以绘制连接线段各顶点后组成的路径，如图 3-2-1 所示。要创建平滑曲线构成的蒙版，可以绘制贝塞尔曲线路径段。

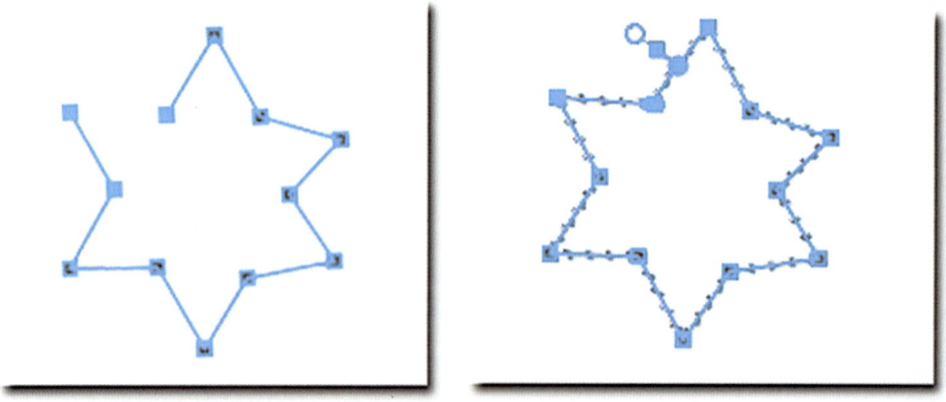

图 3-2-1　使用“钢笔工具”绘制的路径

绘制路径的具体步骤如下：

（1）选择“钢笔工具”。

（2）在路径开始的位置单击鼠标确定第一个顶点（不要拖动）。

（3）在路径结束的位置再次单击鼠标。

（4）单击鼠标确定其他线段的顶点。

（5）要闭合路径，可将“钢笔工具”移至第一个顶点上，此时钢笔工具指针旁出现一个小圆圈，单击或拖动鼠标即可闭合路径。

（三）修改和移动蒙版

可以通过蒙版上的顶点轻松管理蒙版的形状、大小和旋转角度，如图 3－2－2 所示。

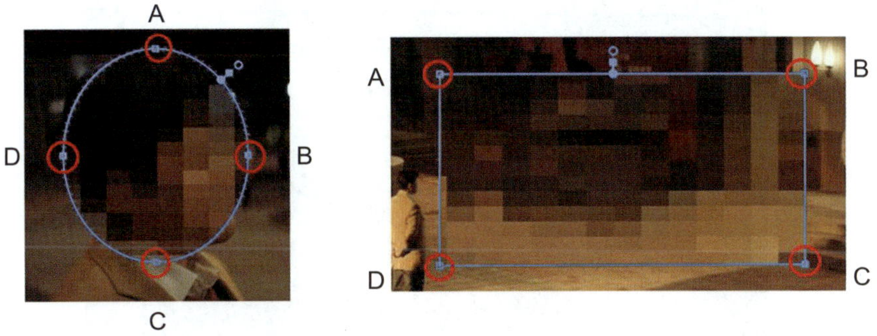

图 3－2－2 通过蒙版顶点调整蒙版

要将椭圆形蒙版改为多边形蒙版，按住“Alt”键单击椭圆形的任意顶点即可。

要调整蒙版大小，将光标置于顶点之外并按住“Shift”键（光标变为↔）拖动鼠标即可。

要旋转蒙版，将光标置于顶点之外（光标变为⤵）拖动鼠标即可。若按住“Shift”键拖动鼠标可以 22.5° 的整数倍进行旋转。

（四）移动、添加或移除顶点

可使用“选择工具”移动顶点。注意，拖动椭圆形的蒙版时，椭圆形状不会保持。

要添加顶点，将光标置于蒙版边缘，按住“Ctrl”键（光标变为✒+），单击鼠标即可。

要移除顶点，将光标置于要移除的顶点处，按住“Ctrl”键（光标变为✒−），单击鼠标即可。

（五）其他重要命令和键盘快捷键

使用键盘上的箭头键可将所选控制点微移一个距离单位。

按住“Shift”键并使用箭头键可将所选控制点微移 5 个距离单位。

要取消选择所有选定的控制点，在当前活动的蒙版外单击鼠标即可；要禁用蒙版的直接操纵功能，也可在蒙版外单击鼠标。

要删除蒙版，在“效果控件”面板中选择蒙版，然后按“Delete”键即可。

二、羽化蒙版边缘，调整蒙版扩展

使用 Premiere 提供的控件可直接在节目监视器上调整蒙版羽化和扩展效果。各类蒙版手柄和导线如图 3－2－3 所示。

（一）蒙版羽化

蒙版的羽化效果对比如图 3－2－4 所示。

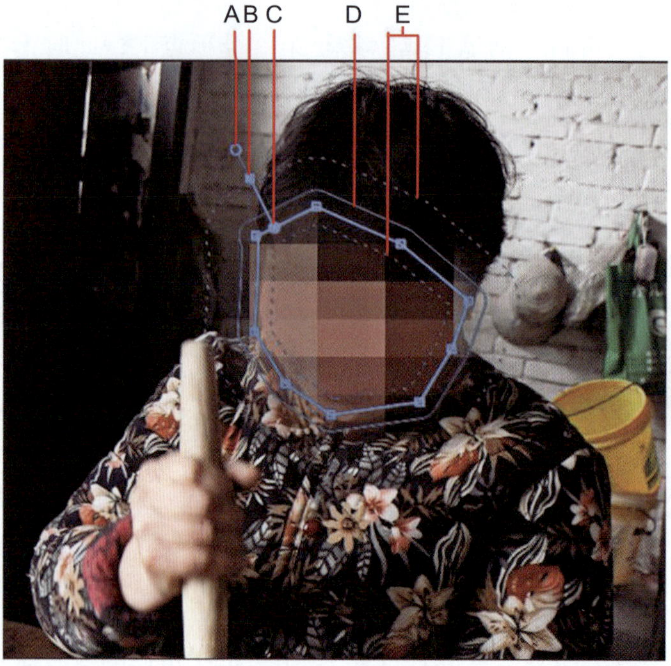

图 3-2-3　蒙版手柄和导线

A—可控制羽化的羽化手柄；B—可扩展和收缩蒙版的扩展手柄；C—可移动控件的蒙版位置手柄；D—扩展引导线；E—羽化引导线

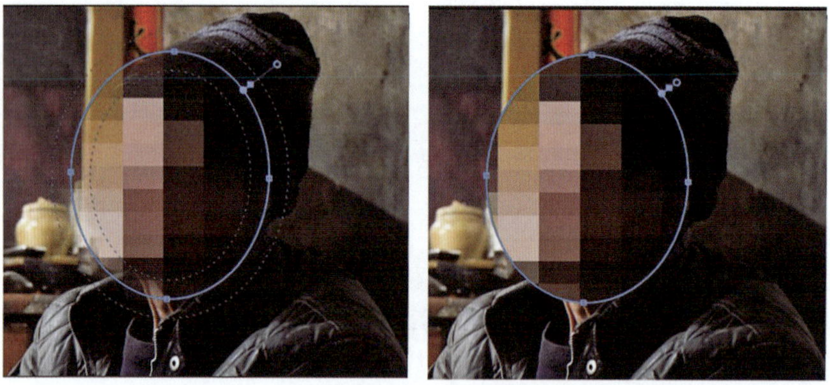

(a) 羽化　　(b) 不羽化

图 3-2-4　蒙版的羽化效果对比

羽化可柔化蒙版选区边界，使蒙版的边缘变得平滑。使用蒙版羽化手柄可直接在节目监视器的蒙版轮廓上控制羽化量。Premiere 会在蒙版轮廓附近显示羽化引导线。在“效果控件”面板中指定蒙版羽化值后，将手柄拖离羽化引导线可增强羽化效果，拖向羽化引导线可减弱羽化效果。

(二) 调整蒙版扩展

蒙版扩展引导线在节目监视器上显示为蓝色实线，可以通过该引导线精确扩展或收缩蒙版区域。将手柄拖离扩展引导线可扩展蒙版区域，拖向扩展引导线可收缩蒙版区域。

在“效果控件”面板中指定蒙版扩展值也可以将蒙版的边界内移或外移（正值为边界外移，负值为边界内移）。

三、使用“效果控件”面板调整蒙版设置

可以通过设置“效果控件”面板来跟踪蒙版、更改蒙版不透明度、扩展蒙版、反转蒙版或羽化蒙版边缘，如图 3－2－5 所示。

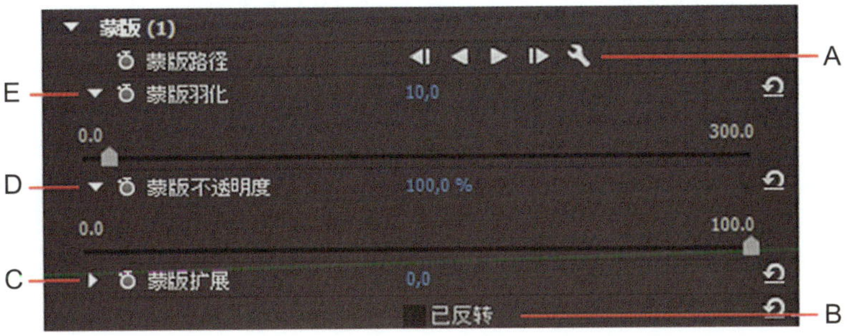

图 3－2－5 通过“效果控件”面板调整蒙版

A—跟踪蒙版；B—反转已蒙版和未蒙版的区域；C—更改蒙版扩展；D—调整蒙版不透明度；E—羽化蒙版边缘

要调整蒙版的不透明度，可以指定蒙版不透明度值，或者拖动滑块。不透明度值为 100 时蒙版完全不透明，并会遮挡图层中位于其下方的区域。不透明度值越小，蒙版下方的区域就越清晰可见。

选择“已反转”复选框，可交换蒙版区域和未蒙版区域。如果某个区域要保持原样，可将该区域蒙版，然后选择“已反转”复选框将效果应用到未蒙版区域，如图 3－2－6 所示。

图 3－2－6 反转蒙版选区的效果

实操练习

使用蒙版制作车道转场效果。

蒙版工具的应用

使用蒙版制作车道转场效果

4 项目四 文本与图形编辑

知识目标

- 理解文本与图形编辑的概念。
- 掌握文本编辑工具的应用方法。
- 掌握图形编辑工具的应用方法。

能力目标

- 学会文本的创建与编辑方法。
- 学会图形的创建与编辑方法。
- 能够制作文本图形动画。

素质目标

- 提升观察力、细节把控能力、审美能力，建立完善的设计思维体系。
- 培养逻辑思维能力与结构意识，加强沟通与协作能力。

Premiere 的文本编辑与图形编辑功能可以帮助用户创建和编辑视频中的文字和图形元素，从而提升视频的视觉效果和信息传达强度。

文本编辑方面，用户可以使用“文字工具”在“节目”面板中创建和编辑文字。创建文字时，可以设置字体、颜色、大小等属性，还可以对文本进行对齐、缩放、旋转等操作。此外，Premiere 还支持基于文本的编辑，方便用户调整文本内容。

图形编辑方面，用户可以通过“基本图形”面板创建和编辑各种图形。创建图形时，可以选择内置的模板，也可以使用自定义的形状、文字等元素；可以对图形进行对齐、缩放、旋转等操作；可以添加阴影、发光等效果。此外，用户还可以使用“钢笔工具”创建自定义的形状并进行编辑。

总之，Premiere 中的文本与图形编辑功能非常强大，可以满足用户的多种编辑需求，进而制作出精美的视频作品。

任务一 文本的创建与编辑

知识链接

一、认识文字

文字作为一种设计元素，可以在很大程度上提升作品的设计感。如图 4－1－1 所示，影片开始、结尾采用了不同样式的文字来表达不同的意境。

图 4－1－1 文字在电影中的运用

二、文字工具

在 Premiere 中创建的文本大致分为两种：一种是普通的字幕文本，创建后存放在相应时间线的最上方，不占用图层轨道，如图 4－1－2 所示；另一种是使用“文字工具”创建的文本，以图层方式显示，占用图层轨道，如图 4－1－3 所示。

图 4-1-2　时间轴的文本轨道

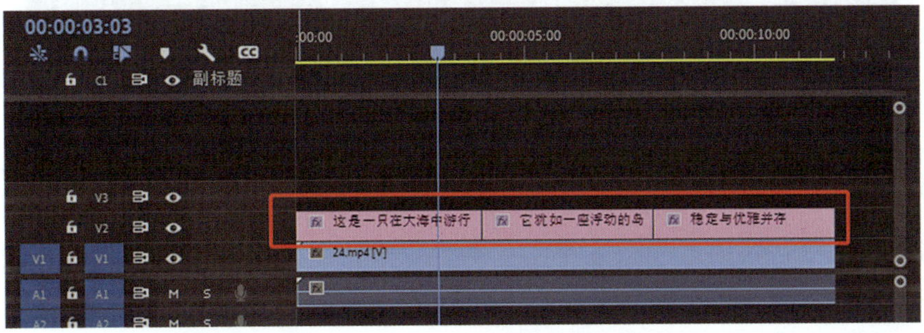

图 4-1-3　时间轴的文本图层

三、字幕文本

打开“海龟”素材，执行“窗口→工作区→字幕和图形”命令，如图 4-1-4 所示，切换到“字幕和图形”工作区（大部分文本编辑工作将在该工作区中进行）。

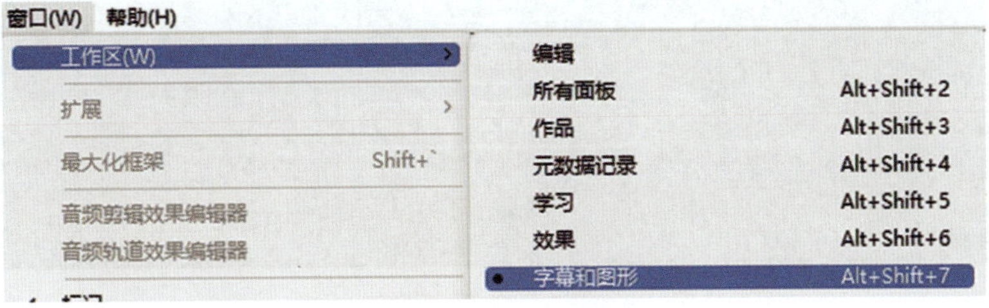

图 4-1-4　执行“窗口→工作区→字幕和图形”命令

在“文本”面板中找到字幕栏，单击“创建新字幕轨”进行字幕文本的创建，如图 4－1－5、图 4－1－6 所示。

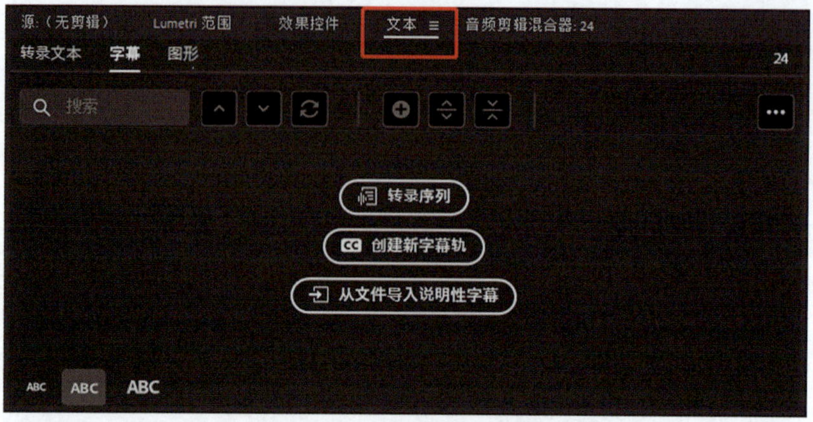

图 4－1－5 “文本”面板

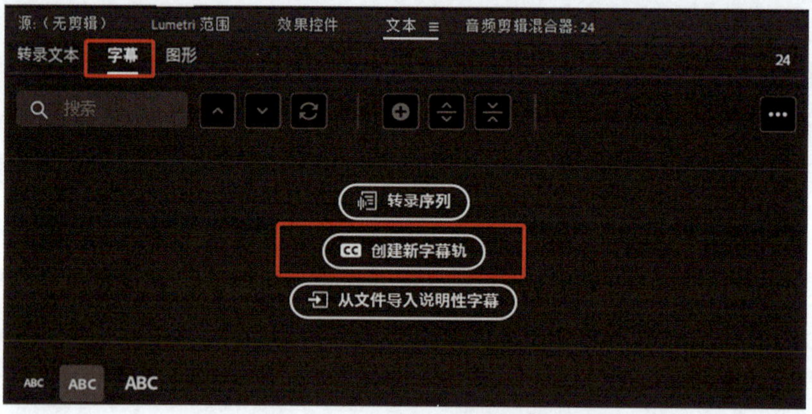

图 4－1－6 单击“创建新字幕轨”

在弹出的“新字幕轨道”面板中单击“确定”按钮，其他参数保持默认，如图 4－1－7 所示。

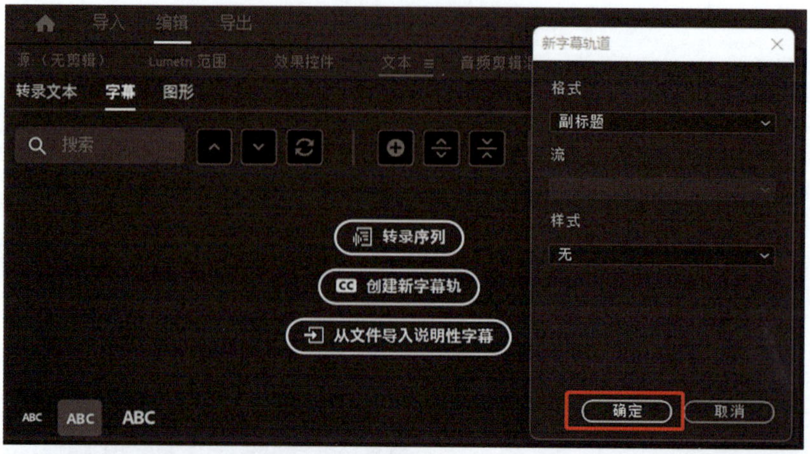

图 4－1－7 创建新字幕轨道

单击“新添加字幕分段”按钮创建字幕，在下方自动创建完成的字幕文本框中输入“这是一只在大海中游行的海龟”，如图 4-1-8 所示。

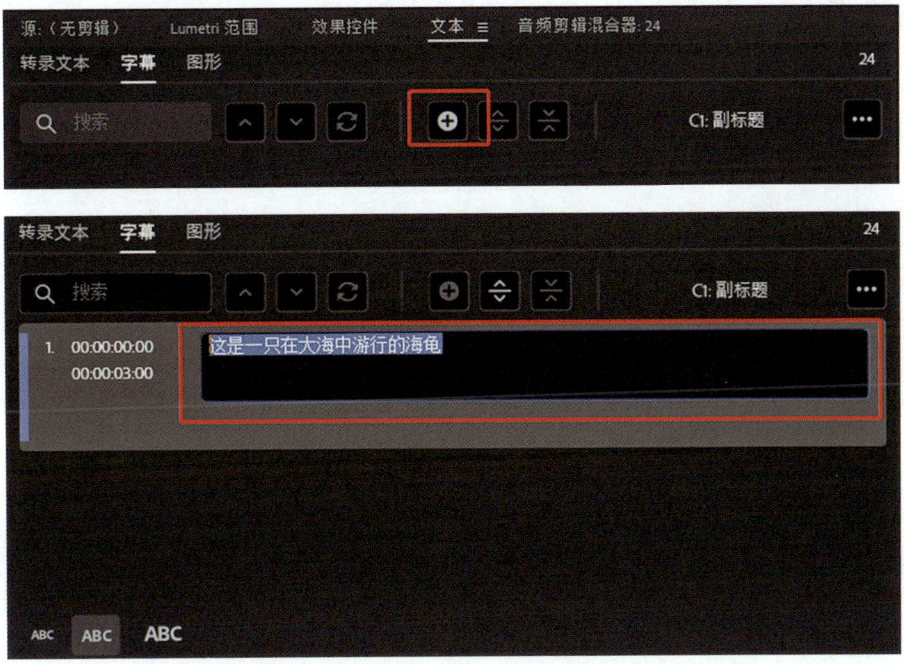

图 4-1-8　在字幕文本框中输入文字

此时，系统会在时间线上自动创建一段字幕，如图 4-1-9 所示。

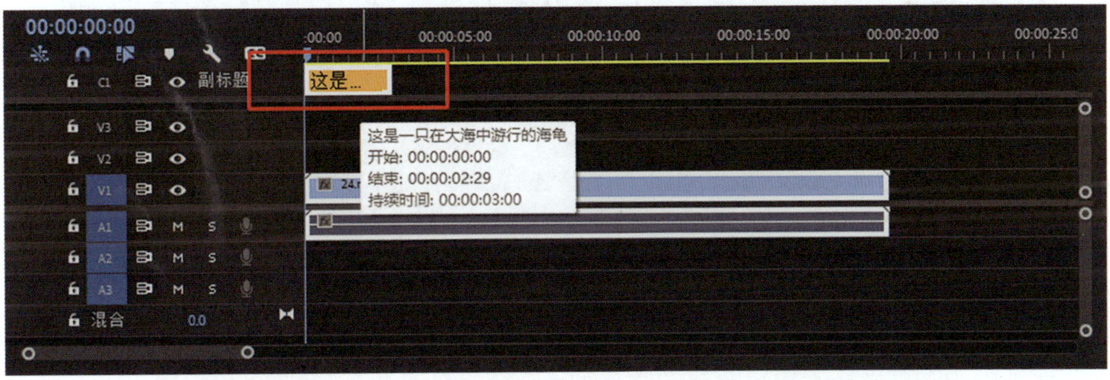

图 4-1-9　创建的字幕

左侧的时间码表示这段字幕的出现时间和结束时间，默认值为 00:00:00:00 至 00:00:03:00。在“时间轴”面板中修改字幕的持续时间和位置，时间码也会随之变化，如图 4-1-10 所示。

如果要继续编辑或修改字幕文本，双击“文本”面板中的字幕，即可再次激活文本框，如图 4-1-11 所示。

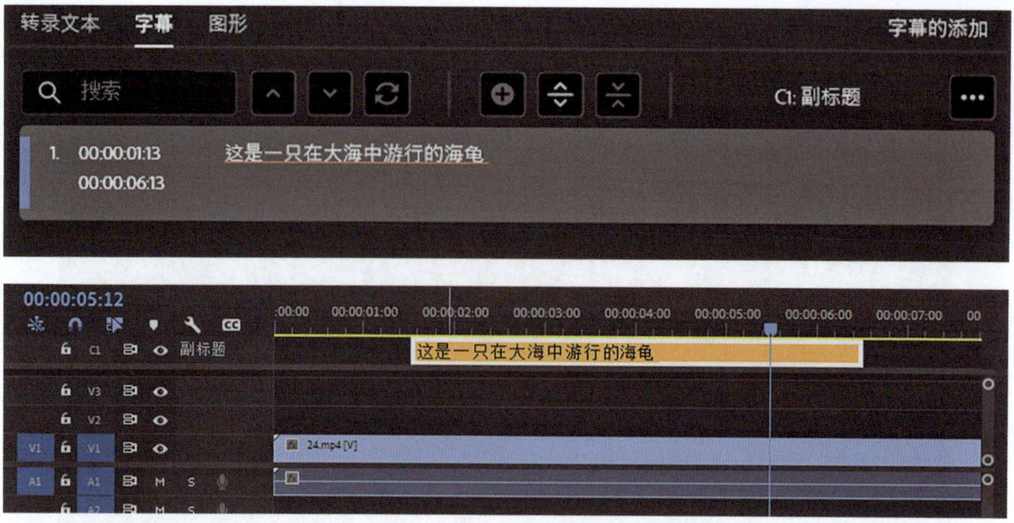

图 4-1-10　修改字幕的持续时间和位置

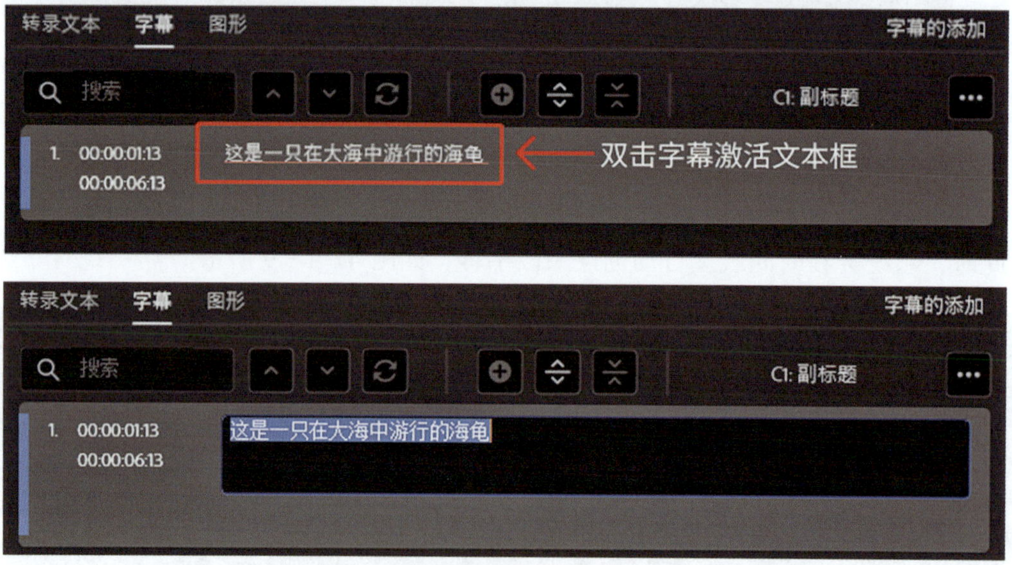

图 4-1-11　双击字幕激活文本框

接下来，添加第 2 段字幕。按住“Alt”键，拖曳复制第 1 段字幕，然后双击“文本”面板中的字幕进行编辑，改为“它犹如一座浮动的岛屿”，如图 4-1-12 所示。

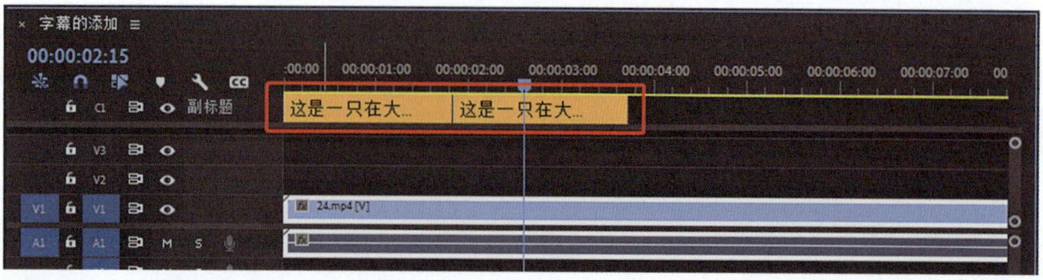

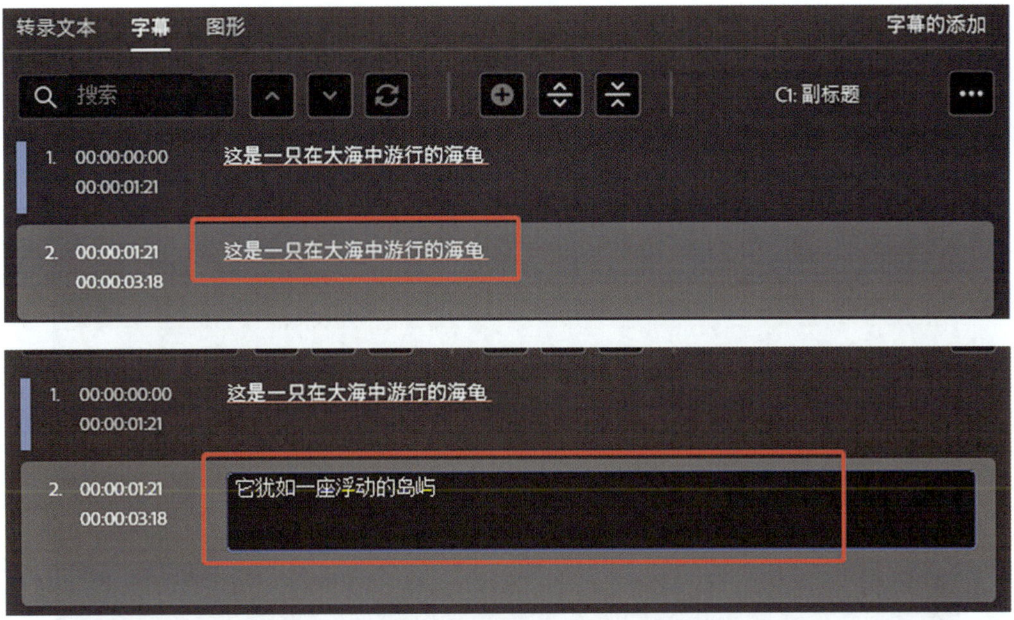

图 4-1-12 第 2 段字幕

继续添加第 3 段字幕。按住“Alt”键，对字幕进行拖曳复制，然后双击字幕进行编辑，改为“稳定与优雅并存”，如图 4-1-13 所示。

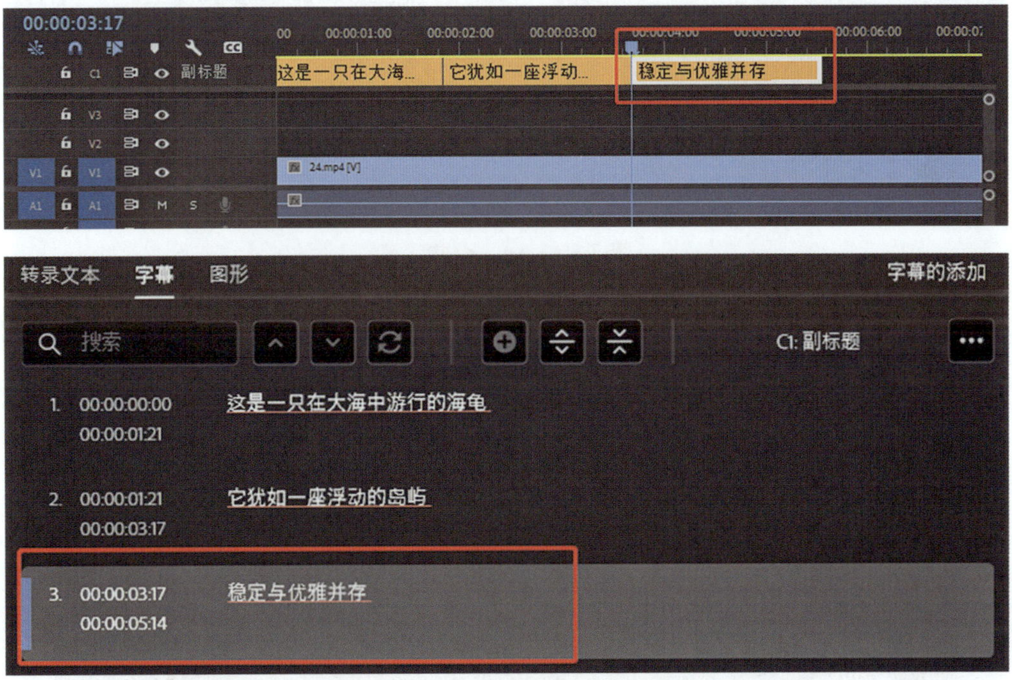

图 4-1-13 第 3 段字幕

单击“合并字幕”按钮将这 3 段字幕合并，如图 4-1-14 所示。选择第 3 段字幕文本，单击“合并字幕”按钮后该文本会与其上一段字幕文本合并，此时时间线上的字幕也会合并为一个整体。

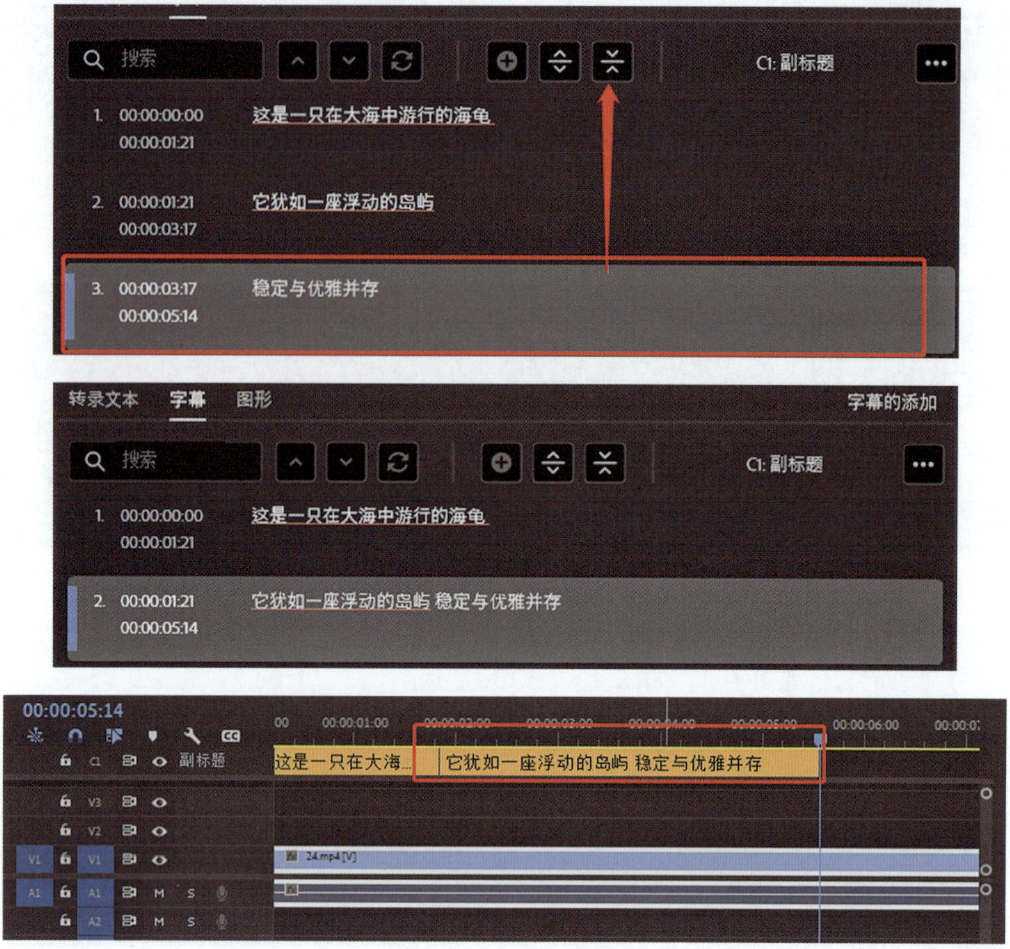

图 4-1-14　合并字幕

单击**···**按钮后选择相应命令即可导出字幕文本，如图 4-1-15 所示。

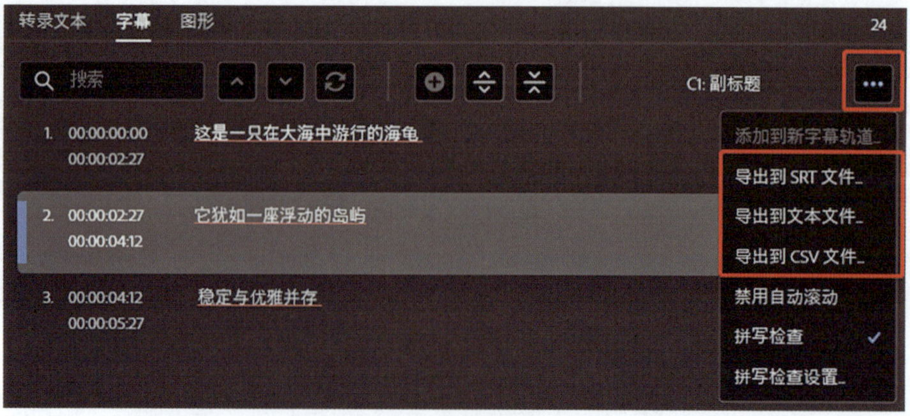

图 4-1-15　导出字幕文本

四、风格化字幕文本

选中字幕后，可以在左侧的“基本图形”面板的“编辑”面板中修改文字样式（如字体、大小和位置等），如图 4－1－16 所示。

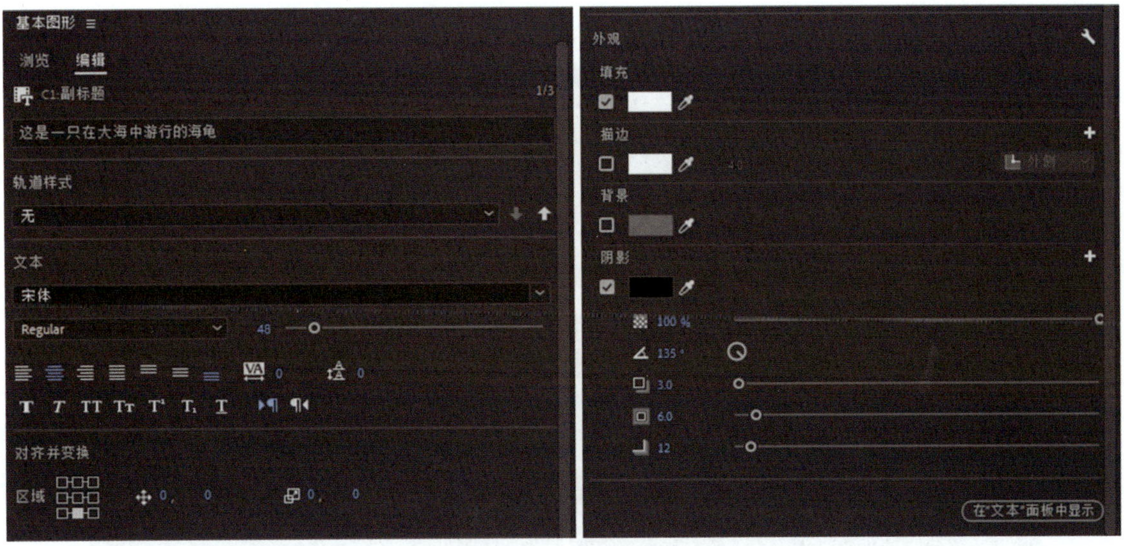

图 4－1－16　修改文字样式

（一）轨道样式

如果要保存设置好的样式便于日后使用，在“轨道样式”面板中打开“样式”下拉列表，选择“创建样式”，在弹出的“新建文本样式”对话框中设置好“名称”后，单击“确定”按钮即可，如图 4－1－17 所示。

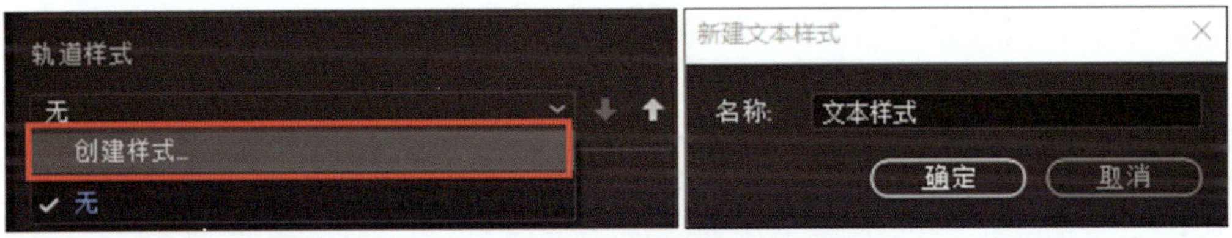

图 4－1－17　设置文本样式名称

选中文本后，可以进行参数调整，如字体、字号、对齐方式等，如图 4－1－18 所示。

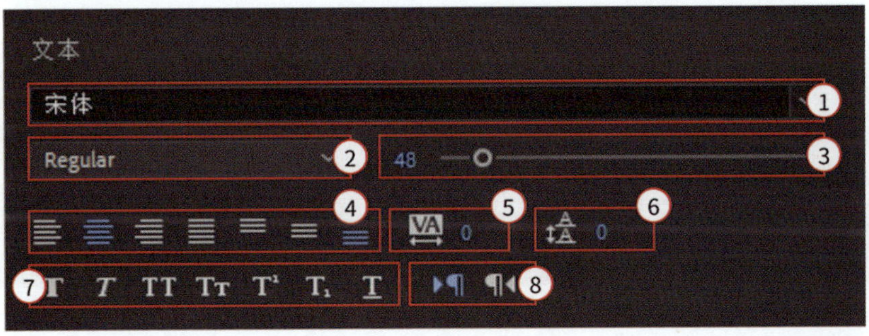

图 4－1－18　调整文本参数

（1）字体：可以选择字体。

（2）字体样式：可以选择字体样式。

（3）字号：可以调整字体的大小。

（4）段落对齐方式：可选择不同的段落对齐方式。单击“节目”面板中的文字后即可看到段落文本框，可参考对齐效果，如图 4－1－19 所示。

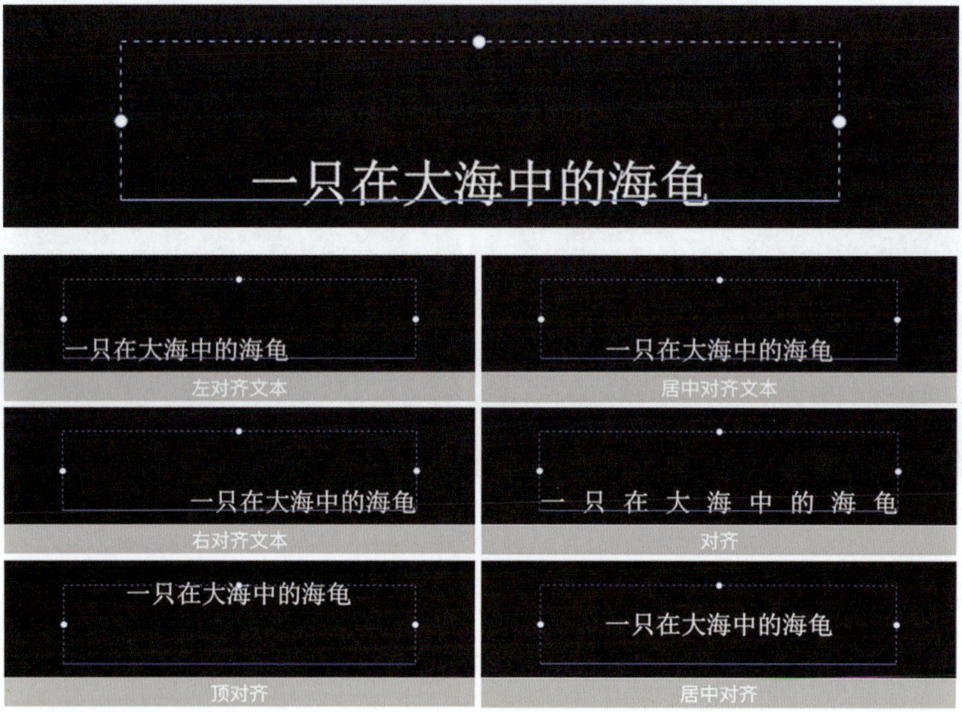

图 4－1－19 段落文本框

（5）字距：扩大或缩小字符间距。

（6）行距：扩大或缩小行间距。

（7）仿样式：包含仿粗体、仿斜体、全部大写字母、小型大写字母、上标、下标和下划线。

（8）输入方向：可以改变输入文字的方向，分为从左至右输入和从右至左输入。

（二）对齐并变换

“对齐并变换”用于调整字幕在画面中的位置和大小，如图 4－1－20 所示。

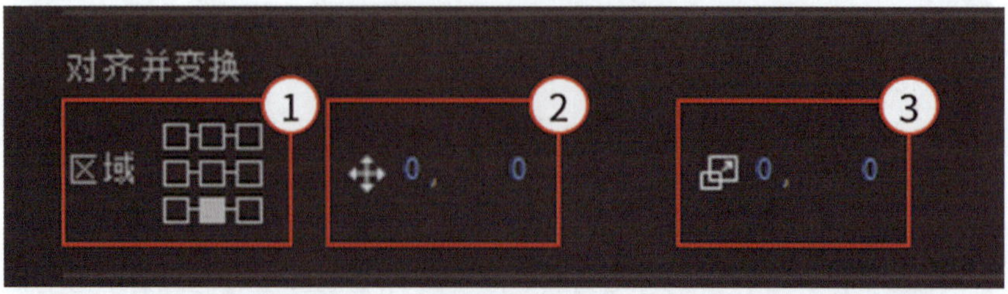

图 4－1－20 调整字幕在画面中的位置和大小

（1）区域：可以快速定位字幕在画面中的位置，如图 4－1－21 所示。

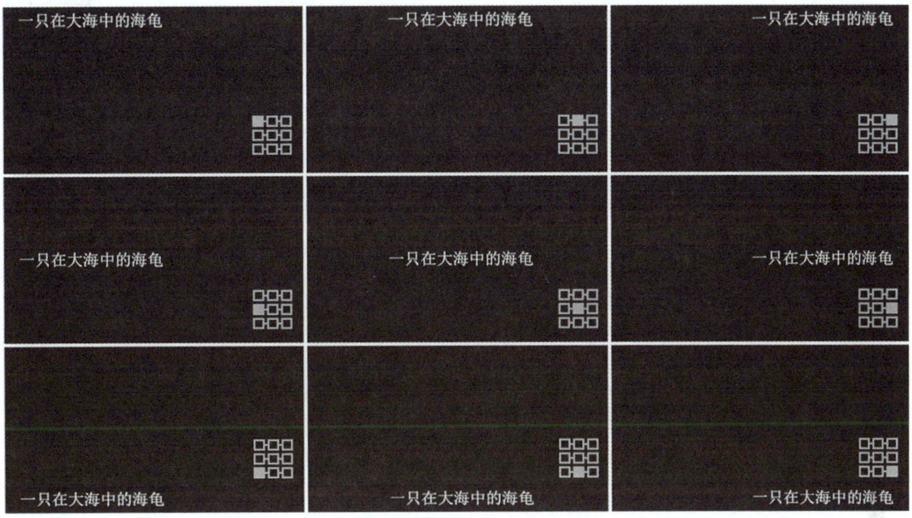

图 4－1－21 “区域”示意

（2）位置：可以通过“设置水平位置”与“设置垂直位置”为文本区域添加偏移量。

（3）更改文本框大小：可以通过“设置水平缩放”和“设置垂直缩放”缩小或扩大文本框。注意，这里调节的是文本框而不是文字。

（三）外观

可以通过“外观”面板设置文字的外观，如图 4－1－22 所示。

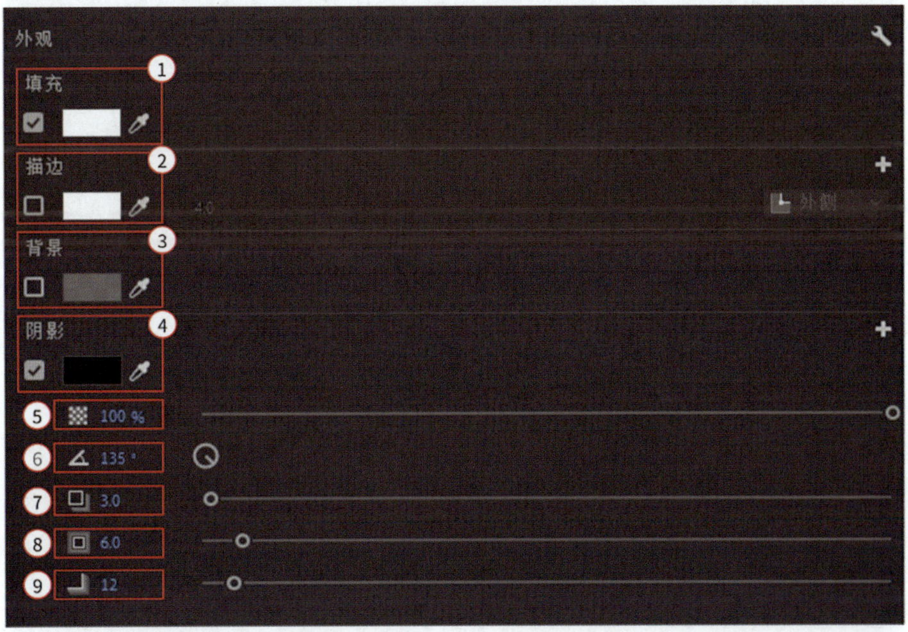

图 4－1－22 “外观”面板

（1）填充：设置文字的填充颜色。单击颜色区域 可直接选取颜色，单击“吸管工具”可在监视器中吸取颜色。

（2）描边：设置文字的描边效果。可设置描边颜色（单击颜色区域）、描边宽度、描边方式和描边数量。单击“+”号，可以增加描边的数量，每单击一次将增加一层描边，如图 4-1-23 所示。

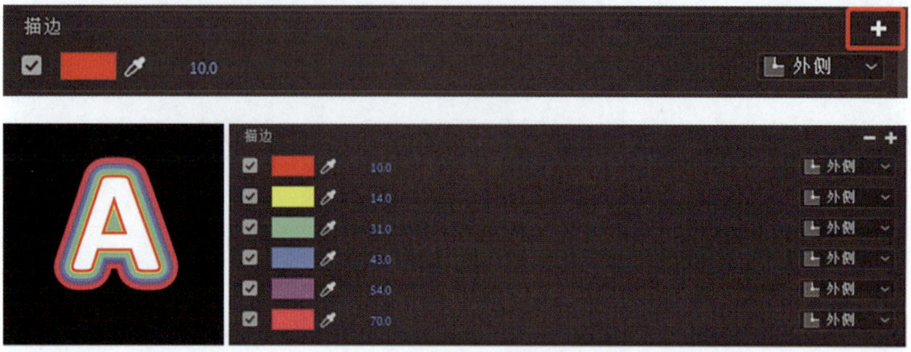

图 4-1-23　文字“描边”面板

（3）背景：设置文字区域背景色。选择颜色后可设置不透明度、大小和角半径，如图 4-1-24 所示。

图 4-1-24　文字“背景”面板

（4）阴影：调整文本阴影，即设置阴影透明度、角度、距离、大小和模糊，如图 4-1-25 所示。

图 4-1-25　文字“阴影”面板

五、转录序列

Premiere 可以进行语音识别进而转录文本，这项功能在很大程度上提高了人们的工作效率。

如图 4－1－26 所示为一段“海底世界”视频素材，我们导入一段语音，放置在 A1 轨道。然后单击“转录序列”来新建转录序列，对这段语音进行文字转换，如图 4－1－27 所示。

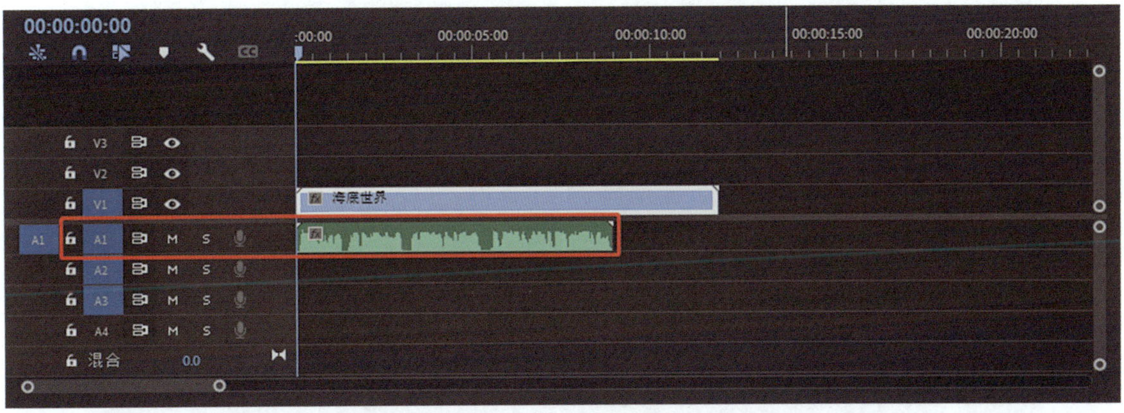

图 4－1－26　导入语音

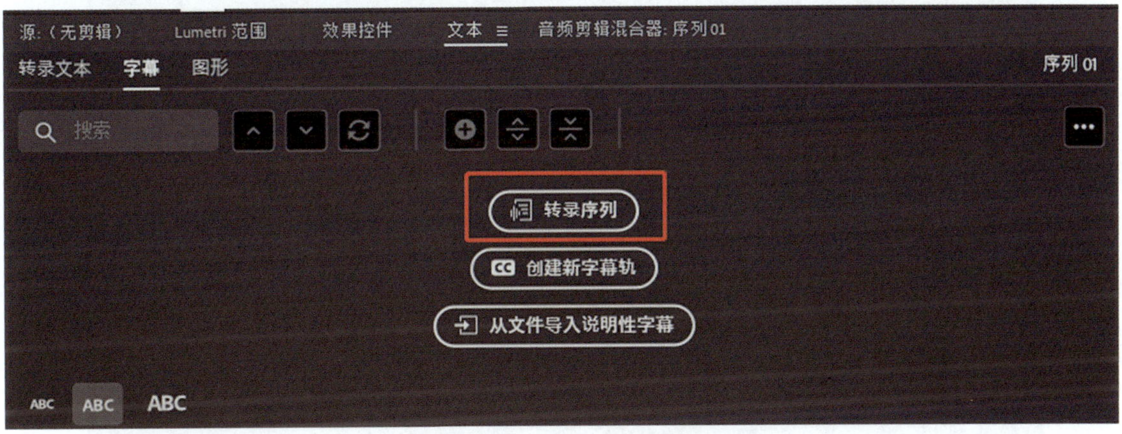

图 4－1－27　新建转录序列

在打开的“创建转录文本”对话框中选择要识别的语音，这里选择“简体中文”。由于这段语音在 A1 轨道上，所以要选择“音频 1”，其他选项保持默认，最后单击“转录”按钮，即可完成语音转录，如图 4－1－28 所示。

自动转录的文本有时候不准确，需要进行二次修改，和修改字幕文本一样，双击激活文本框即可，如图 4－1－29 所示。

可以将这段文本拆分为两段，“深邃的海底是一片神秘而美丽的世界”为第 1 段，“无数的鱼儿在水中游弋，仿佛是在讲述着一个古老而神秘的故事”为第 2 段。选择第 2 段开始的一部分内容，单击“拆分”按钮，即可完成文本拆分，如图 4－1－30 所示。

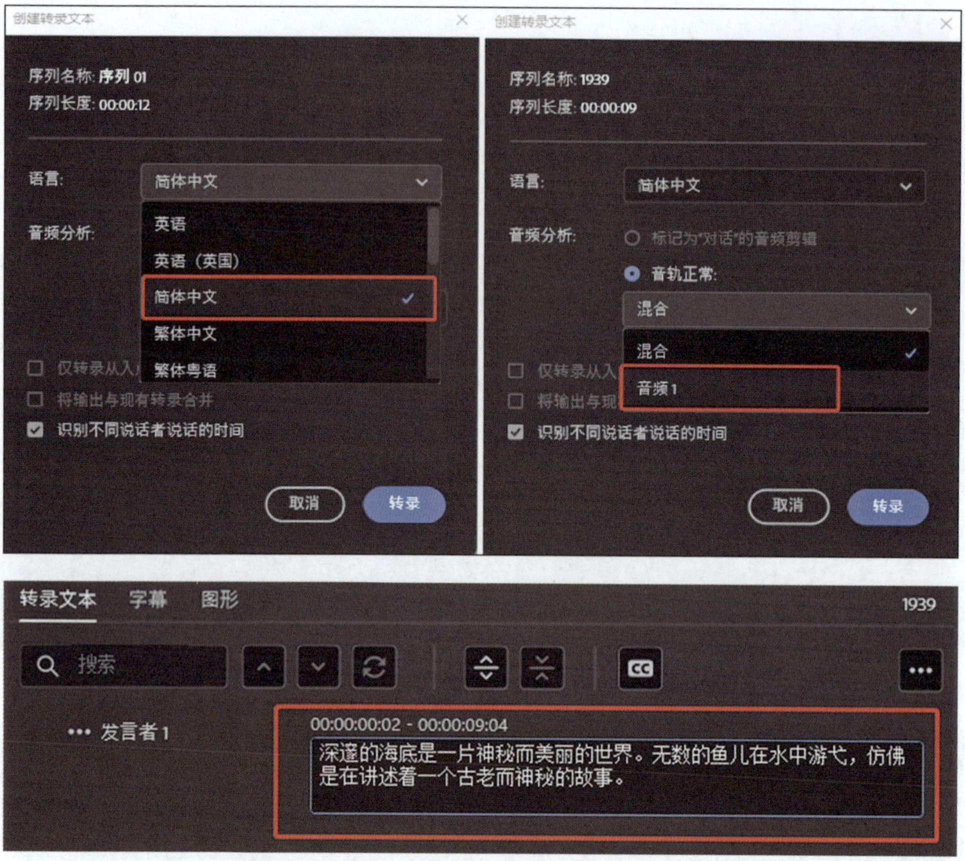

图 4－1－28　转录文本

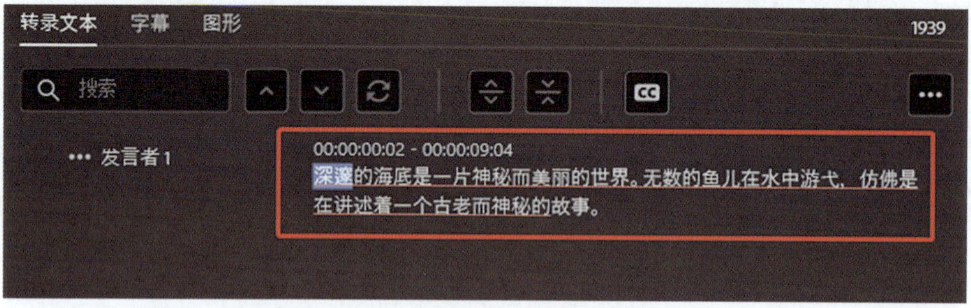

图 4－1－29　编辑文本

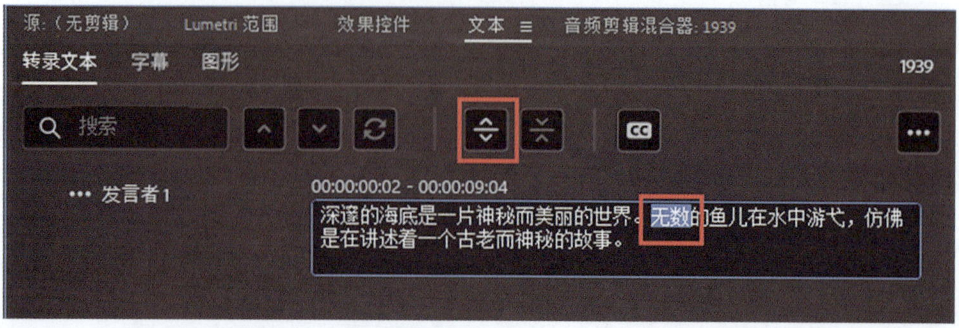

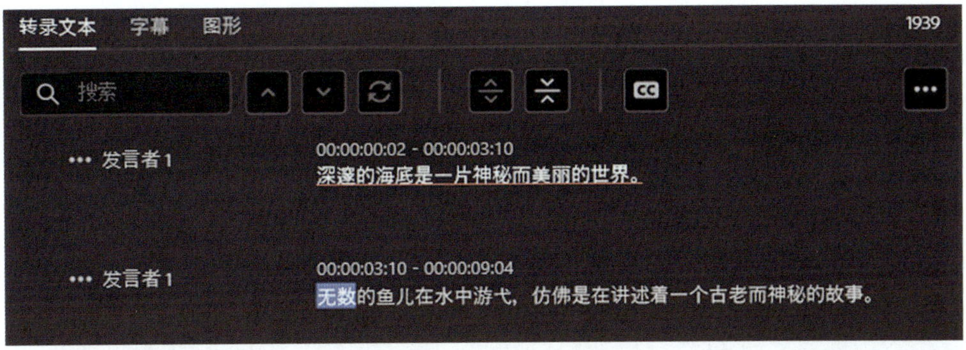

图 4-1-30　拆分文本

采用同样的方法将第 2 段再次拆分，如图 4-1-31 所示。然后去掉标点符号，拆分结果如图 4-1-32 所示。

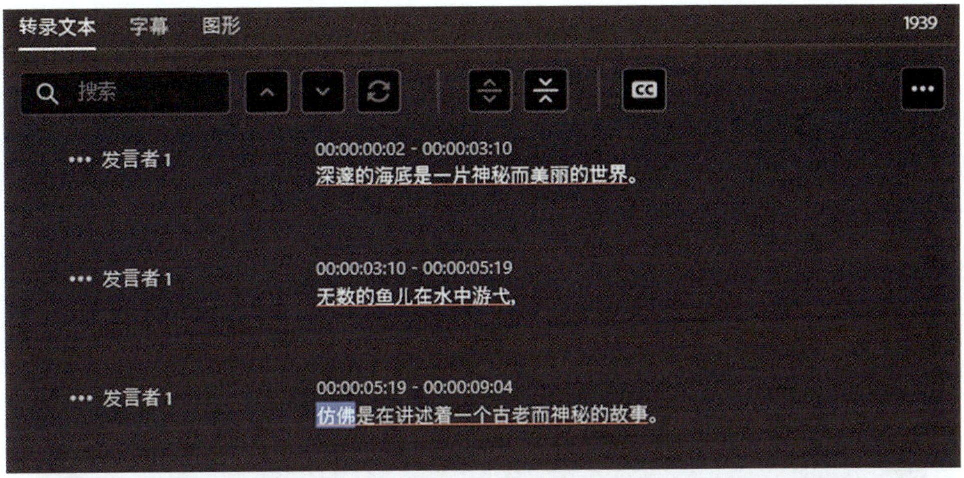

图 4-1-31　再次拆分文本

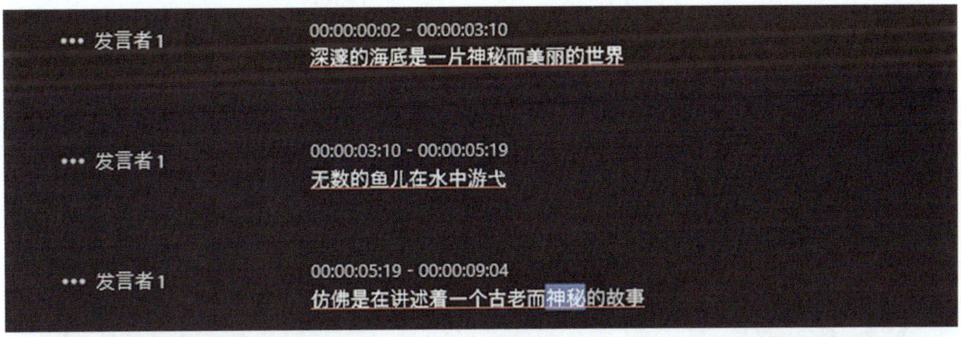

图 4-1-32　拆分转录完成

接下来将文本转为字幕，单击“创建说明性字幕”按钮，如图 4-1-33 所示。

在弹出的“创建字幕”对话框中，将“最大长度”设为 18，“行数”设为“单行”，其他选项保持默认，单击“创建”按钮完成创建，如图 4-1-34 所示。最终效果如图 4-1-35 所示。

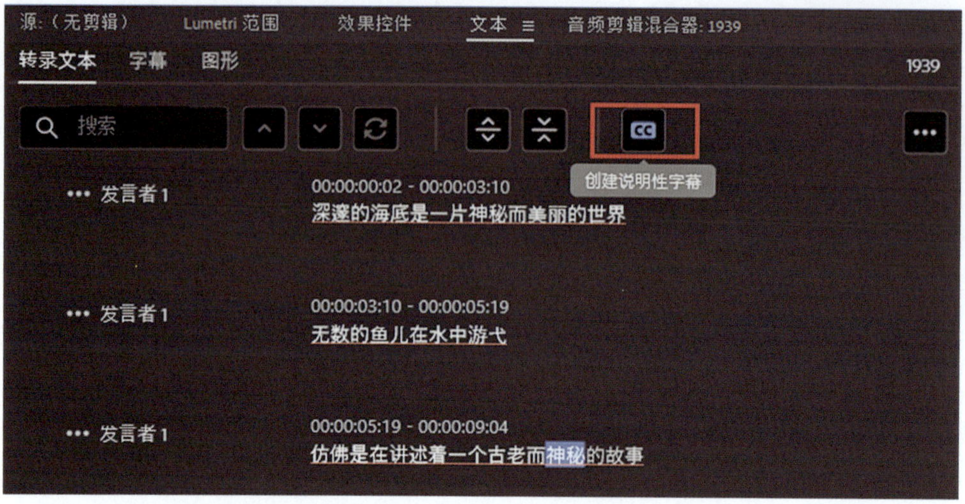

图 4－1－33　创建说明性字幕

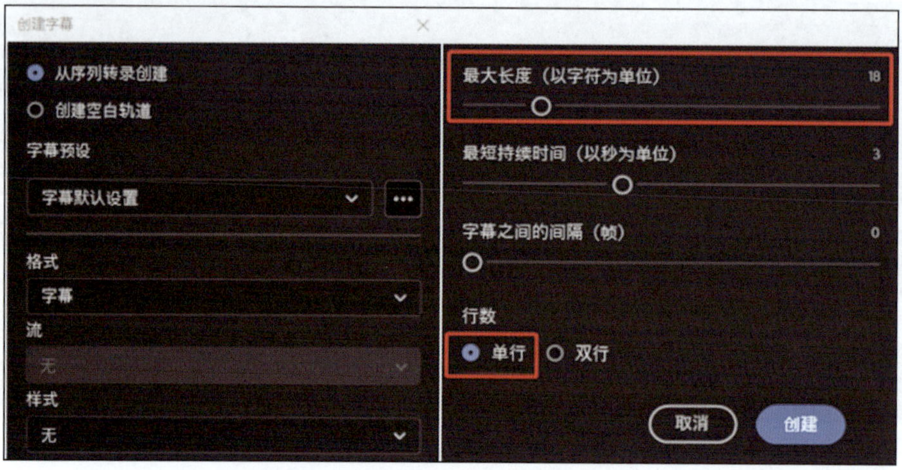

图 4－1－34　“创建字幕”对话框

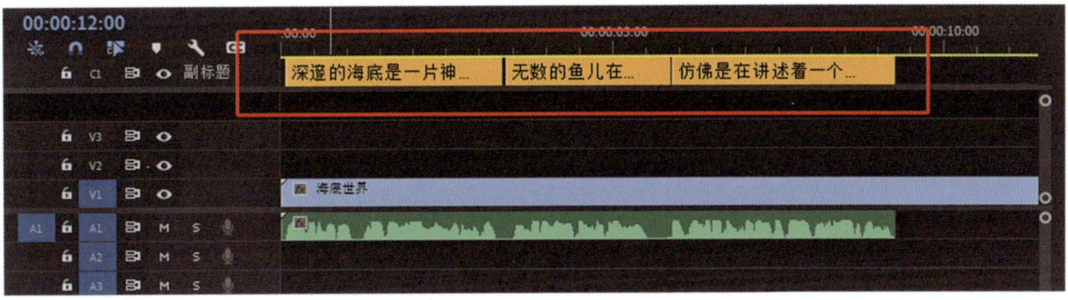

图 4-1-35 字幕效果

六、图形文本

在“节目”面板中，可以使用“文字工具” T 直接创建文字，如图 4-1-36 所示。使用该工具创建的文字属于图形，相关知识将在下一个任务中讲解。

图 4-1-36 文字工具

实操练习

自行寻找视频素材，使用 Premiere 的文本编辑功能给视频素材添加一段字幕。

任务二 图形的创建与编辑

知识链接

Premiere 中有两种图形形式：一种是文字，另一种是形状。通常使用“文字工具”来创建图形文本，使用“形状工具”和“钢笔工具”来创建形状。

一、创建形状

创建形状时，使用“钢笔工具”可以自由绘制；使用“形状工具”则只能创建圆形、矩形、多边形形状。

（一）使用“钢笔工具”创建形状

在“节目”面板中单击创建起始点（锚点），这是绘制线条的起始位置，如图 4－2－1 所示。

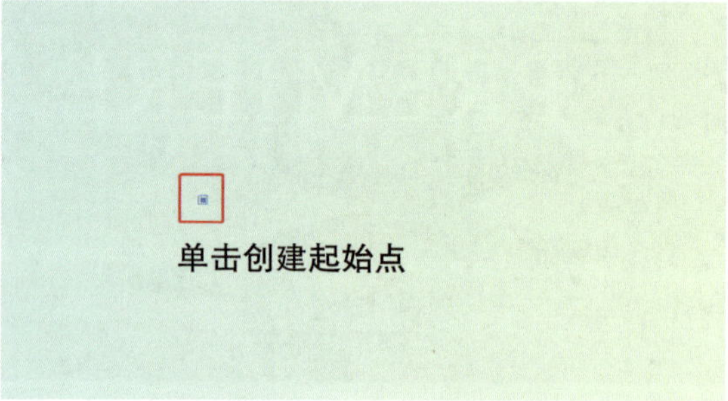

图 4－2－1　创建起始点

继续单击创建第 2 个锚点，根据需要，可以单击创建直线，或者单击并拖动创建曲线，如图 4－2－2 所示。

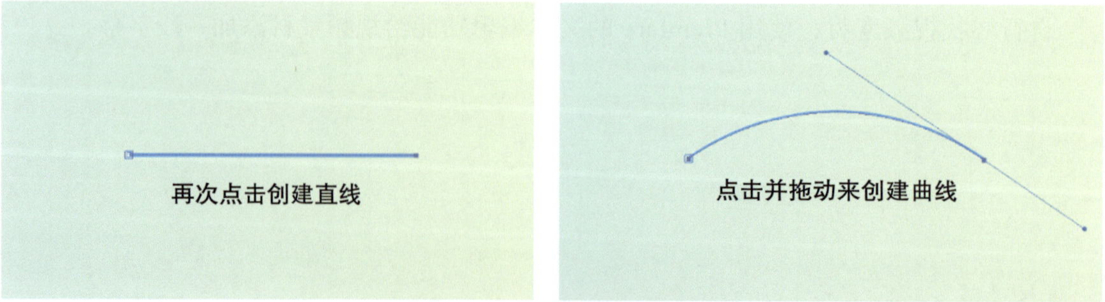

图 4－2－2　创建直线或曲线

如果创建的是曲线，可以通过拖动方向线来调整曲线。方向线的长度和方向决定了曲线的形态，如图 4－2－3 所示。

创建一个包含直线和曲线的线条，如图 4－2－4 所示。

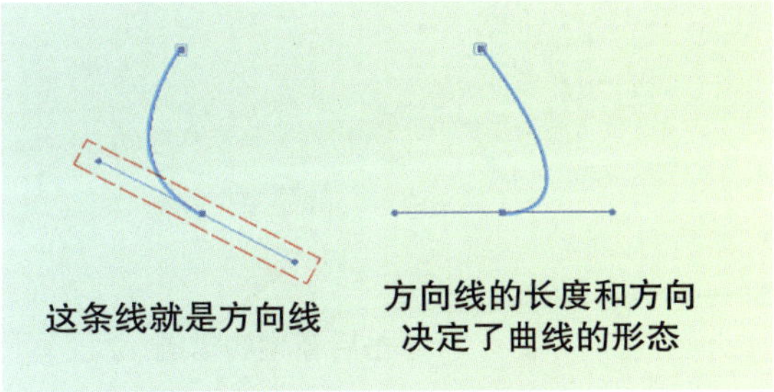

图 4－2－3　方向线

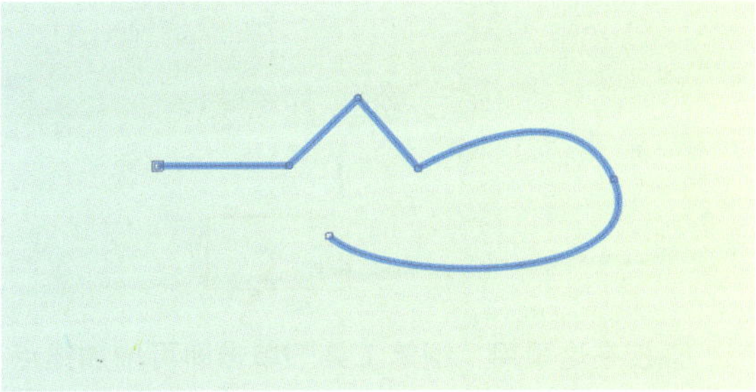

图 4－2－4　线条

如果要把直线转换为曲线，需要按住“Alt”键，将“钢笔工具”转换为“转换点工具”，然后拖曳出方向线即可，如图 4－2－5 所示。

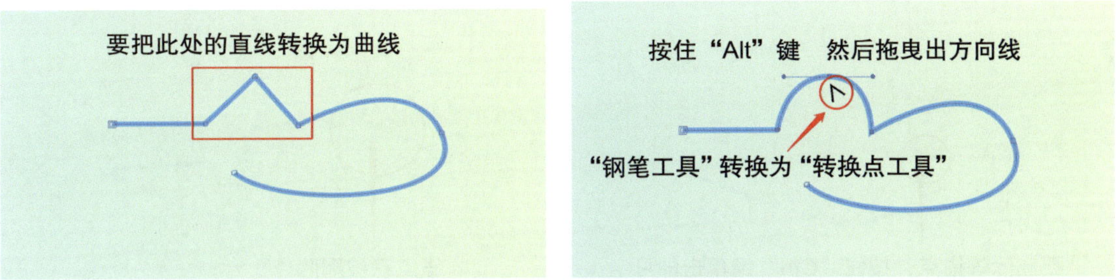

图 4－2－5　使用“转换点工具”拖曳出方向线

如果要把曲线转换为直线，也需要按住“Alt”键，将“钢笔工具”转换为“转换点工具”，然后单击曲线上的锚点即可，如图 4－2－6 所示。

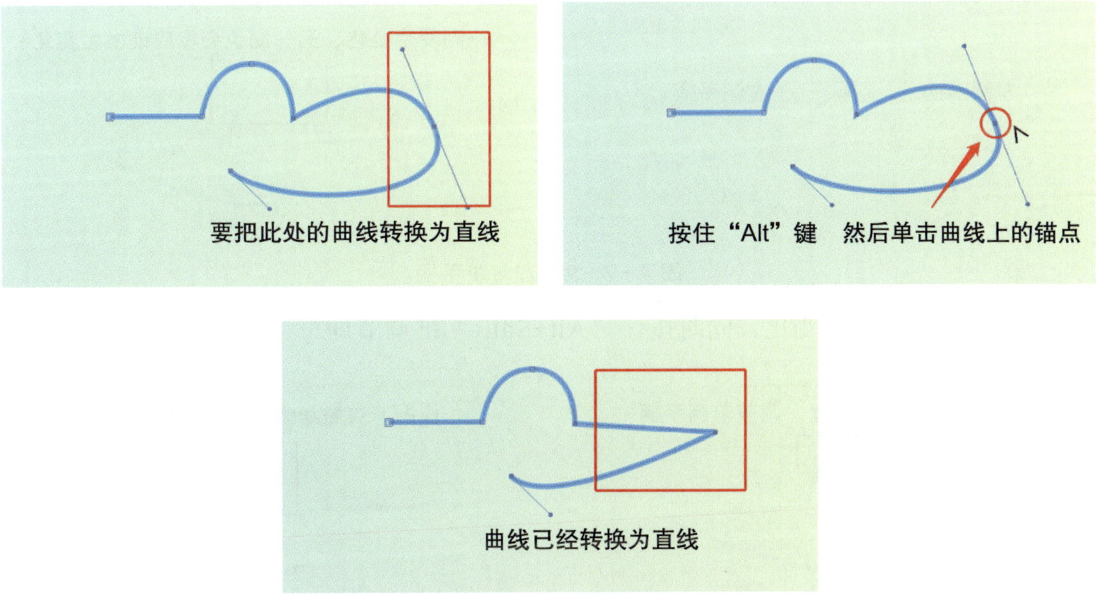

图 4－2－6　使用“转换点工具”编辑锚点

如果要增加锚点，直接用“钢笔工具”在线段上单击即可，如图 4－2－7 所示。

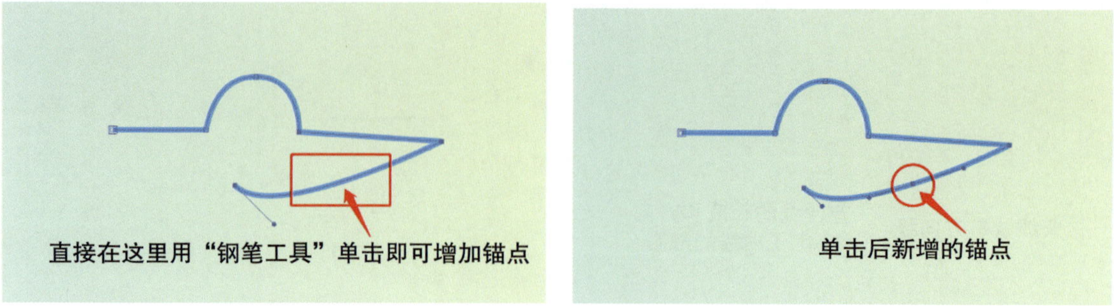

图 4－2－7　增加锚点

如果要删除锚点，需要按住“Ctrl”键，然后用“钢笔工具”单击想要删除的锚点即可，如图 4－2－8 所示。

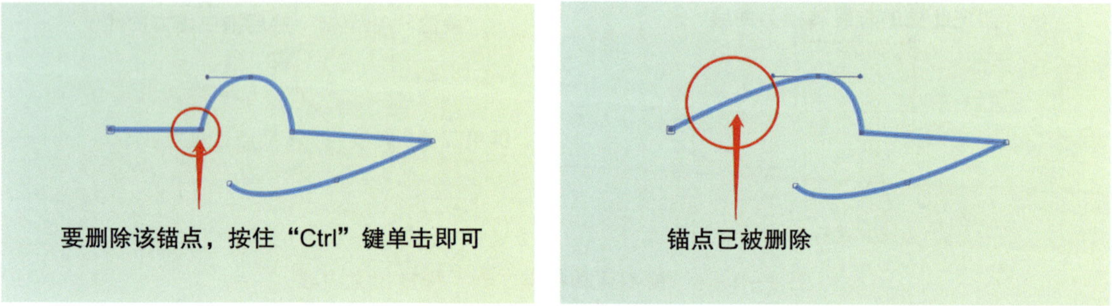

图 4－2－8　删除锚点

调整曲线时，方向线两侧的手柄是相互关联的，如图 4－2－9 所示。

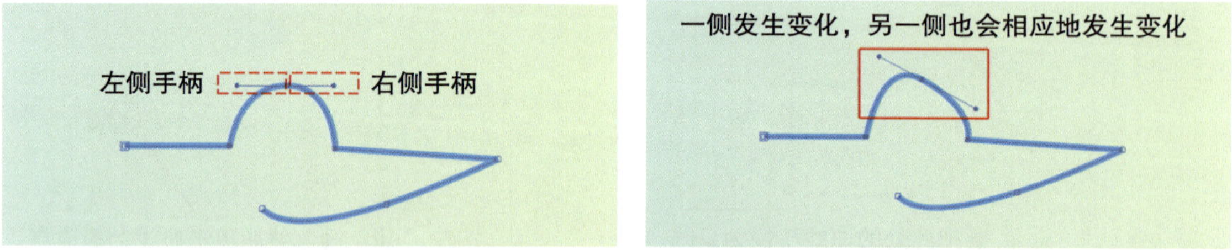

图 4－2－9　方向线手柄

如果只让单侧手柄变化，同时按住“Alt+Shift”键调节即可，如图 4－2－10 所示。

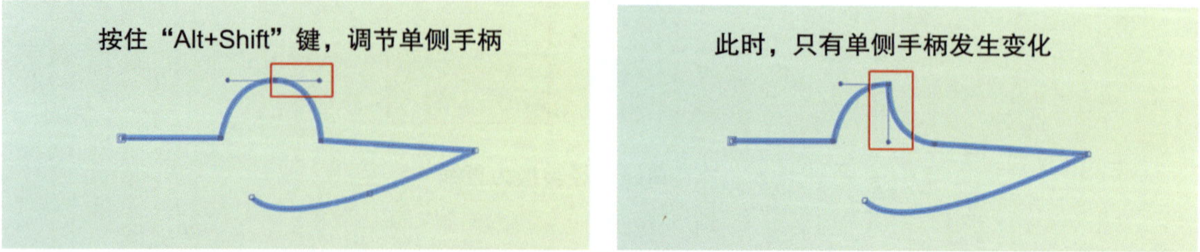

图 4－2－10　调节单侧手柄

要创建闭合线条，将线段的终点连接到起点即可，如图 4－2－11 所示。

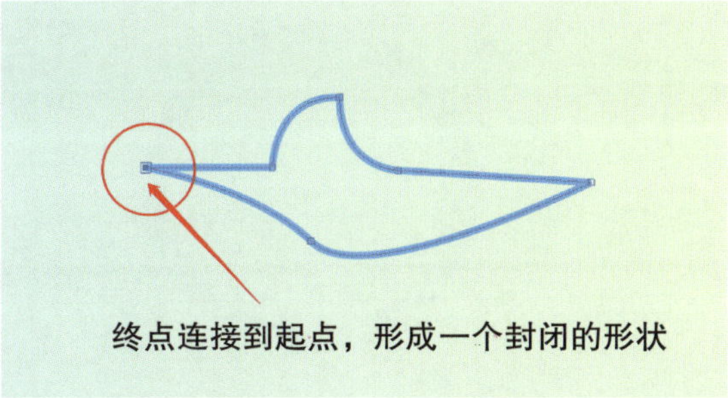

图 4－2－11 闭合线条

（二）使用“形状工具”创建形状

单击并按住“矩形工具”即可显示“椭圆工具”和“多边形工具”，如图 4－2－12 所示。

图 4－2－12 形状工具

使用“矩形工具”可以绘制矩形，按住“Shift”键可以绘制正方形，如图 4－2－13 所示。

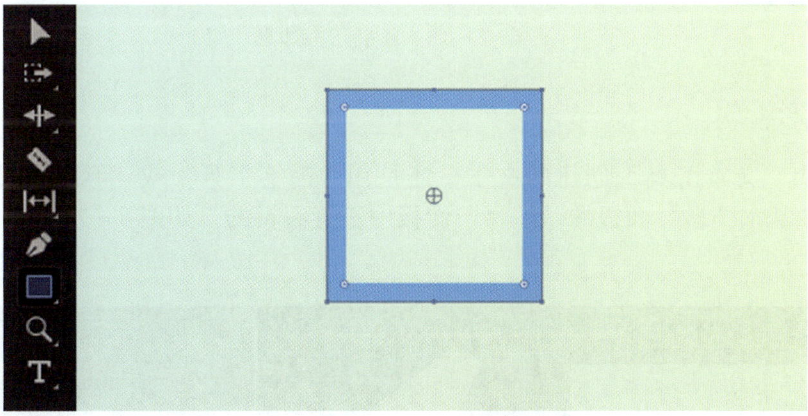

图 4－2－13 绘制矩形

使用“椭圆工具”可以绘制椭圆形，按住“Shift”键可以绘制正圆，如图 4－2－14 所示。

使用“多边形工具”可以绘制多边形（默认是三角形），按住“Shift”键可以绘制正多边形，如图 4－2－15 所示。

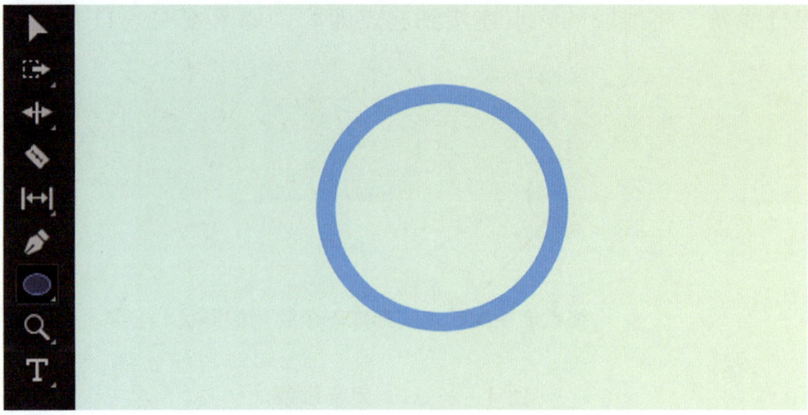

图 4-2-14　绘制正圆

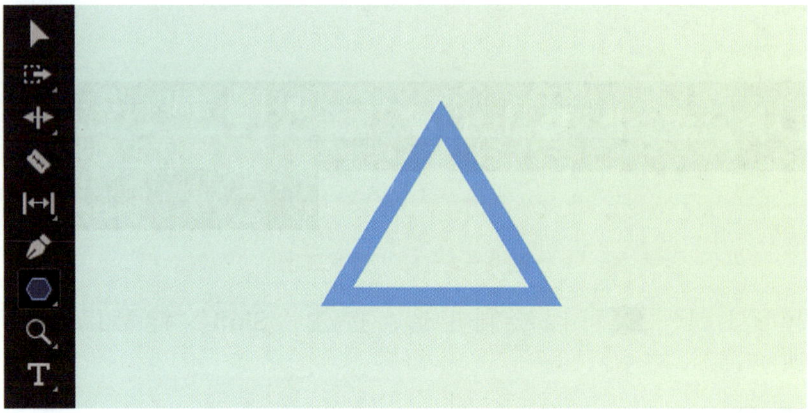

图 4-2-15　绘制正多边形

二、图形编辑

不论是用“文本工具”创建的文本，还是用“钢笔工具”或“形状工具”创建的形状，都是在“基本图形”面板的“编辑”面板中进行编辑的，如图 4-2-16、图 4-2-17 所示。

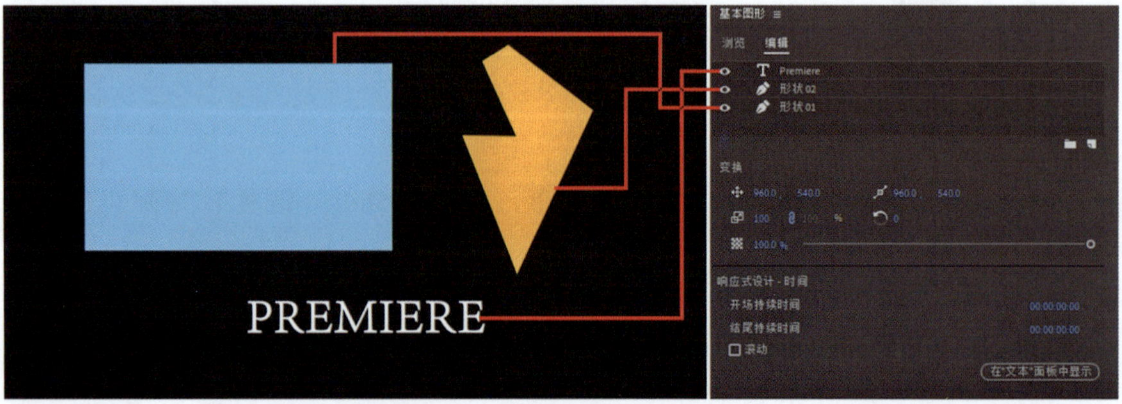

图 4-2-16　“基本图形”面板

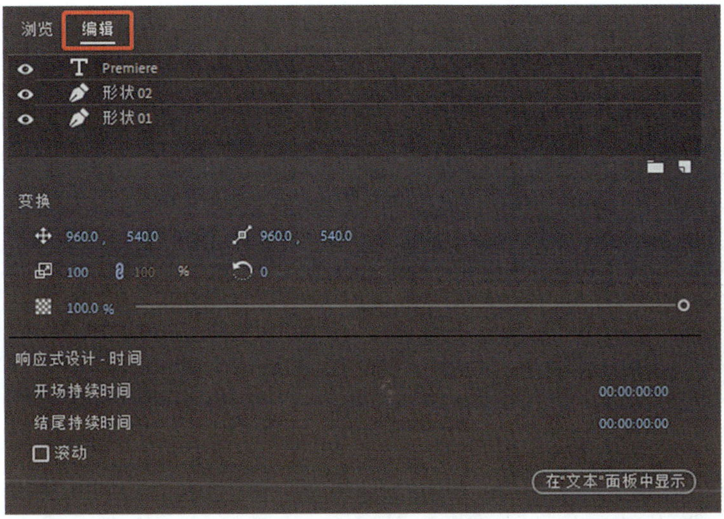

图 4－2－17 “编辑”面板

不同类型的形状对应的编辑内容是不同的，使用“文本工具”创建的形状对应的编辑内容最为复杂，几乎包含了所有的编辑选项，如图 4－2－18 所示。

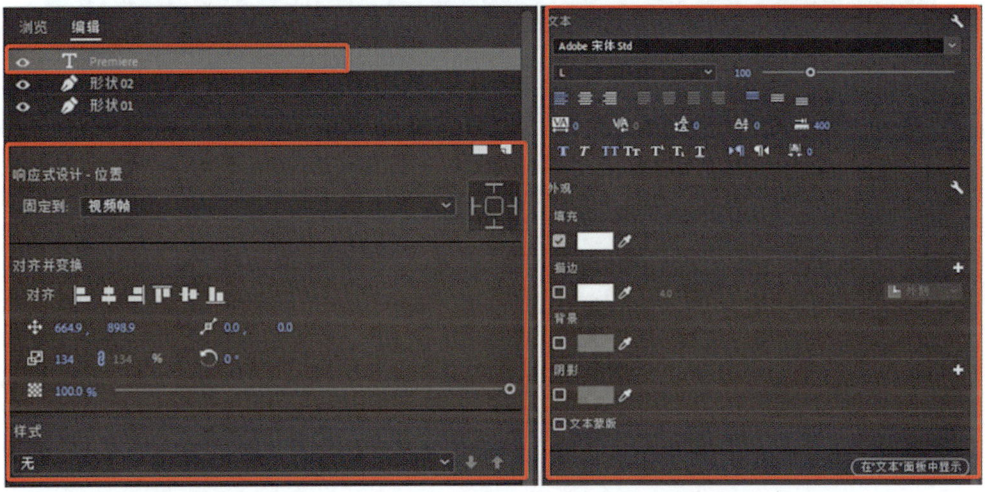

图 4－2－18 “文本工具”创建的形状对应的编辑内容

（一）图层面板

可以在图层面板中新建不同类型的形状图层或创建组，如图 4－2－19 所示。

图 4－2－19 图层面板

举例说明：单击“新建图层”按钮，新建一个矩形图层。注意图层顺序，此时矩形图层在文字图层上方，遮挡了文字，如图 4－2－20 所示。更改图层顺序，将文字图层拖曳到顶层，文字不再被遮挡，如图 4－2－21 所示。

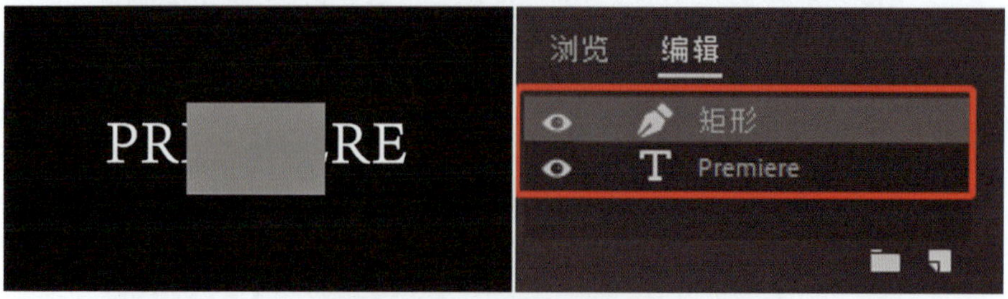

图 4－2－20　新建矩形图层

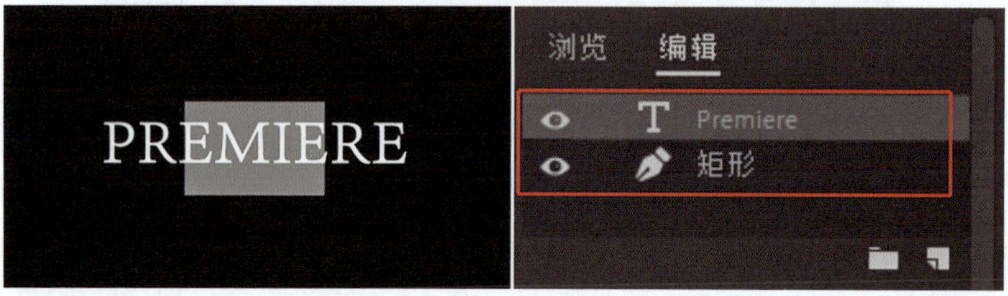

图 4－2－21　更改图层顺序

在“节目”面板中，可以使用“选择工具”单独移动文字和矩形，如图 4－2－22 所示。

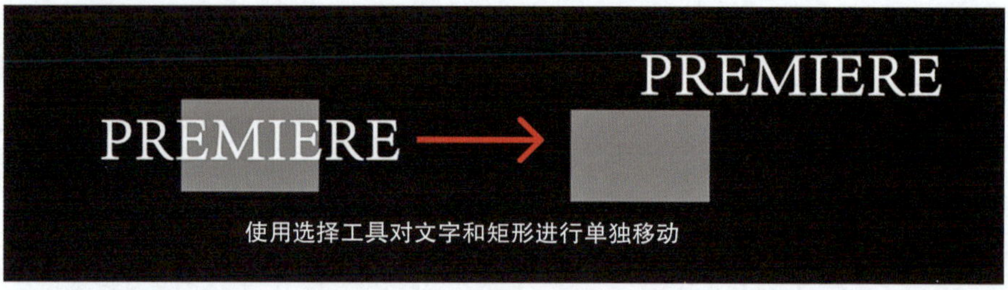

图 4－2－22　移动文字和矩形

如果想同时移动文字和矩形，有两种方法：第 1 种是同时选择两个图层再一起移动；第 2 种是编组，使文字和矩形置于同一组下，选择组即可同时移动整个组中的元素，如图 4－2－23、图 4－2－24 所示。

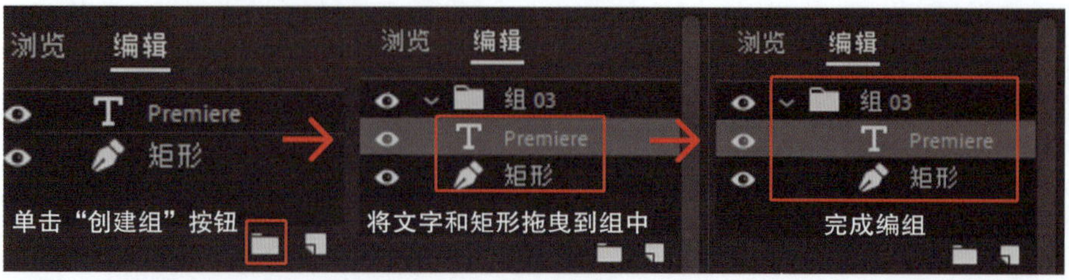

图 4－2－23　图层编组

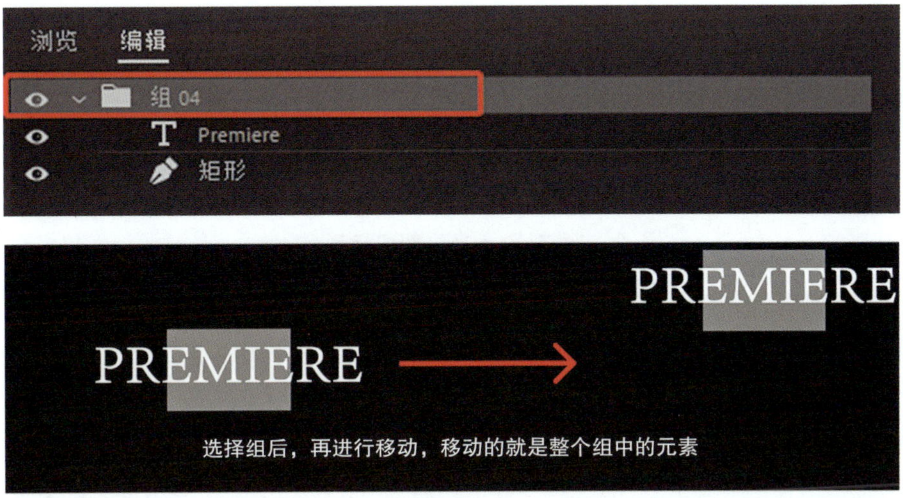

图 4－2－24　同时移动组中的元素

（二）响应式设计－位置

“响应式设计－位置”面板如图 4－2－25 所示，主要功能是进行关联绑定。例如，将 A 绑定到 B 后，B 的位置、旋转、缩放属性发生变化，A 的位置、旋转、缩放属性也会随之变化。

图 4－2－25　“响应式设计 - 位置”面板

举例说明：新建两个矩形，如图 4－2－26 所示。对图层进行重命名，分别改为“矩形 A”和“矩形 B”，如图 4－2－27 所示。在“节目”面板中，使用“选择工具”重新排列形状的位置，将矩形 A 置于矩形 B 的上方，如图 4－2－28 所示。选择矩形 A，在“外观”面板中更改矩形 A 的填充色，如图 4－2－29 所示。选择矩形 A，在“响应式设计 - 位置”面板的“固定到”下拉列表中选择“矩形 B”，如图 4－2－30 所示。单击按钮即可完成矩形 A 和矩形 B 的绑定，如图 4－2－31 所示。此时，矩形 B 的属性发生变化，矩形 A 也会随之变化。

图 4－2－26　新建矩形

图 4－2－27　图层重命名

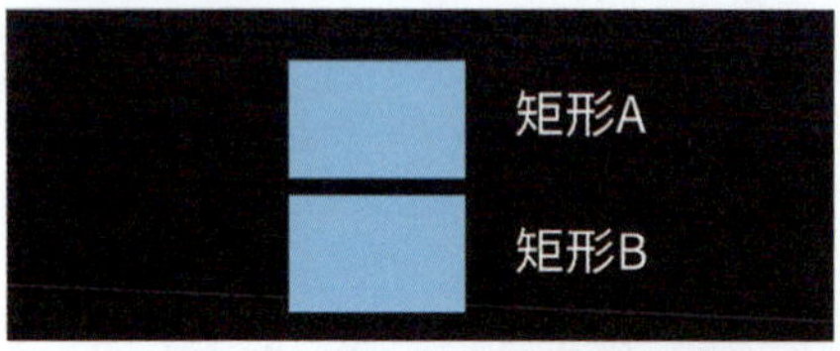

图 4－2－28　重新排列形状的位置

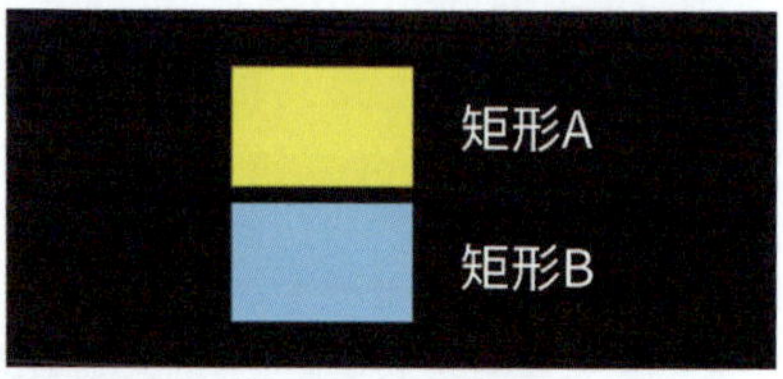

图 4－2－29　更改填充色

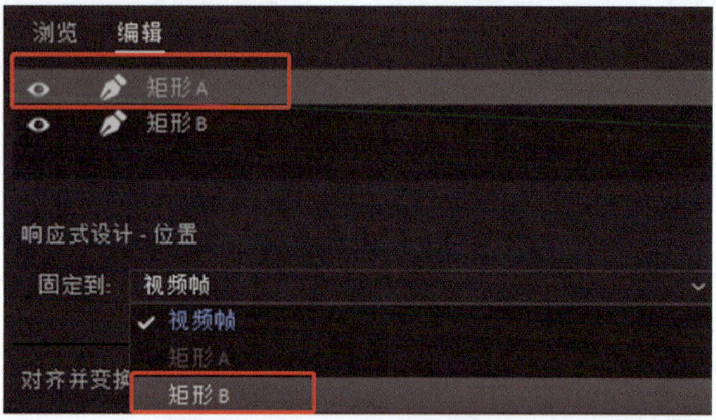

图 4－2－30　选择“矩形 B”

图 4－2－31　完成绑定

（三）对齐并变换

“对齐并变换”面板主要用于对图层形状进行对齐和变换操作，如图 4－2－32 所示。

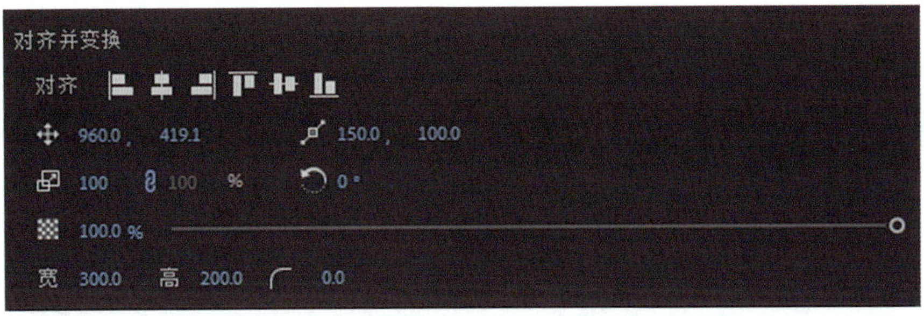

图 4－2－32 “对齐并变换”面板

（四）对齐工具

对齐工具包括左对齐、居中对齐、右对齐、顶对齐、垂直居中对齐、底对齐，如图 4－2－33 所示。

图 4－2－33 对齐工具

各对齐按钮的功能如下：左对齐（对齐到画面的最左侧），居中对齐（对齐到画面的水平中心），右对齐（对齐到画面的最右侧），顶对齐（对齐到画面的最顶端），垂直居中对齐（对齐到画面的垂直中心），底对齐（对齐到画面的最底端），如图 4－2－34 所示。

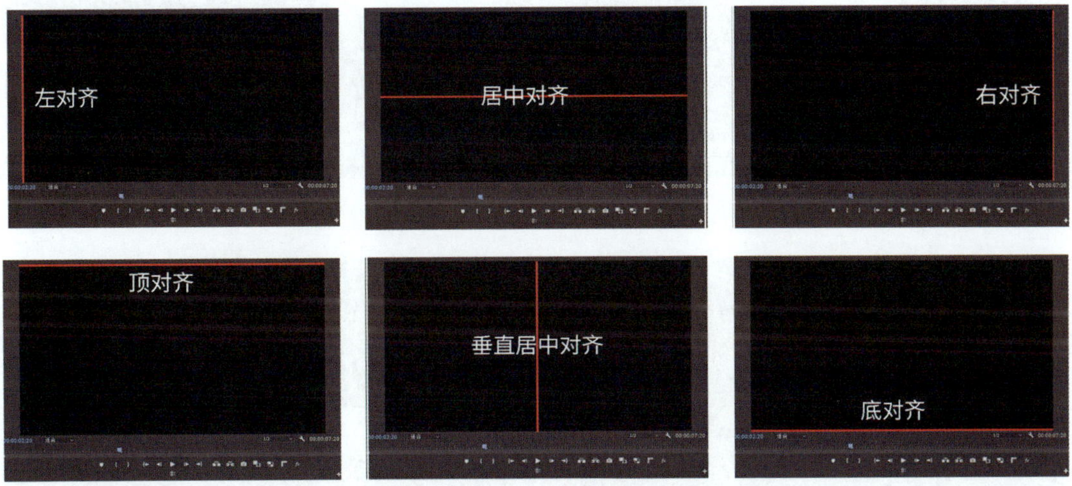

图 4－2－34 不同对齐方式

选中 2 个及以上图层时，对齐工具下方会出现对齐模式选项，如图 4－2－35 所示。

3 种对齐模式分别对应不同的对齐规则。

（1）对齐到视频帧：对齐到画面。以左对齐为例，两个图层都会对齐到画面的最左端，如图 4－2－36 所示。

（2）作为组对齐到视频帧：先将图层编组，再以组的形式对齐。以左对齐为例，则是以组对齐到画面的最左端，如图 4－2－37 所示。

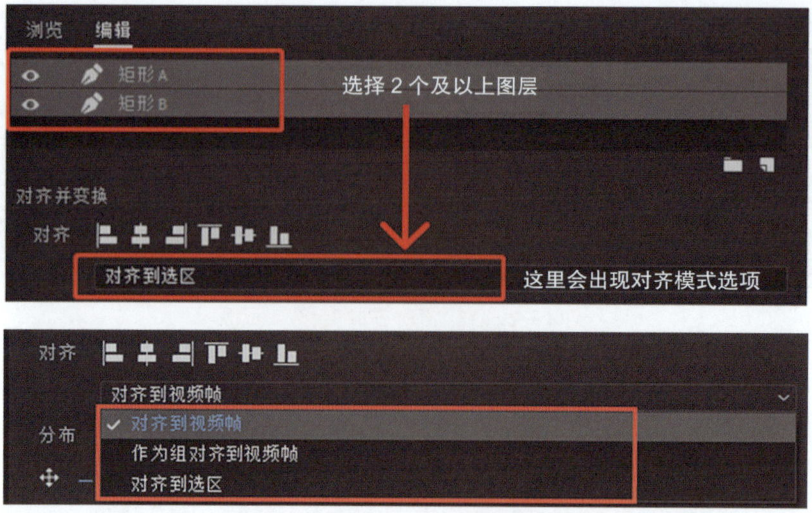

图 4－2－35　对齐模式选项

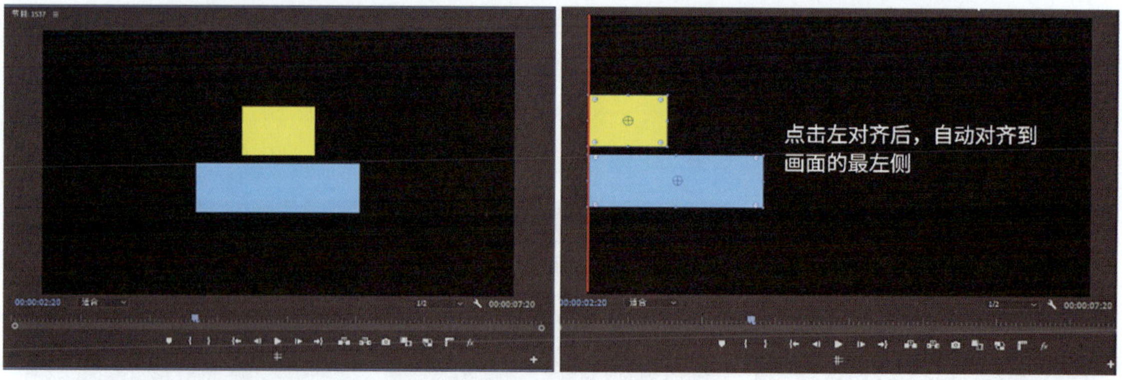

图 4－2－36　对齐到视频帧

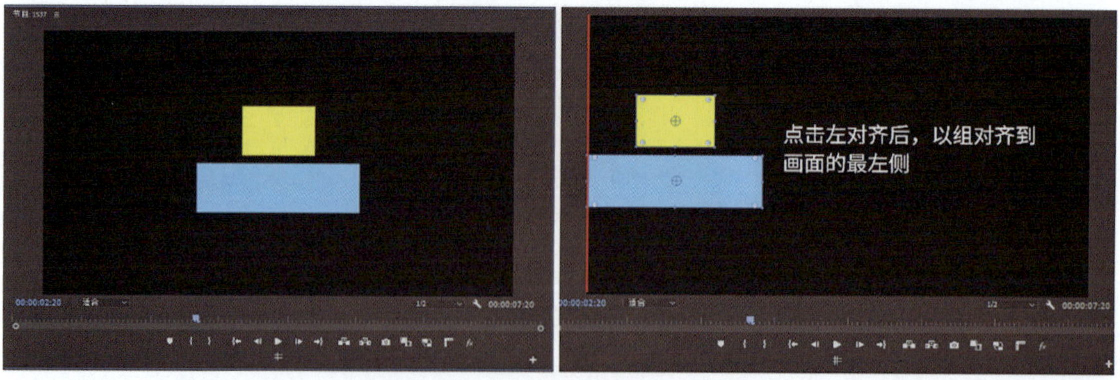

图 4－2－37　作为组对齐到视频帧

（3）对齐到选区：该对齐方式的对齐对象不是画面，而是图形选区。如图 4－2－38 所示，对齐的是两个矩形构成的选区（红色虚线部分）。以左对齐为例，则是对齐到这个区域的最左端，如图 4－2－39 所示。

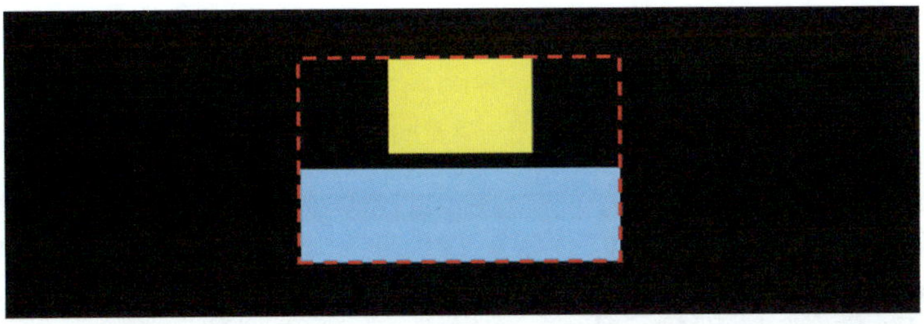

图 4－2－38　对齐到选区

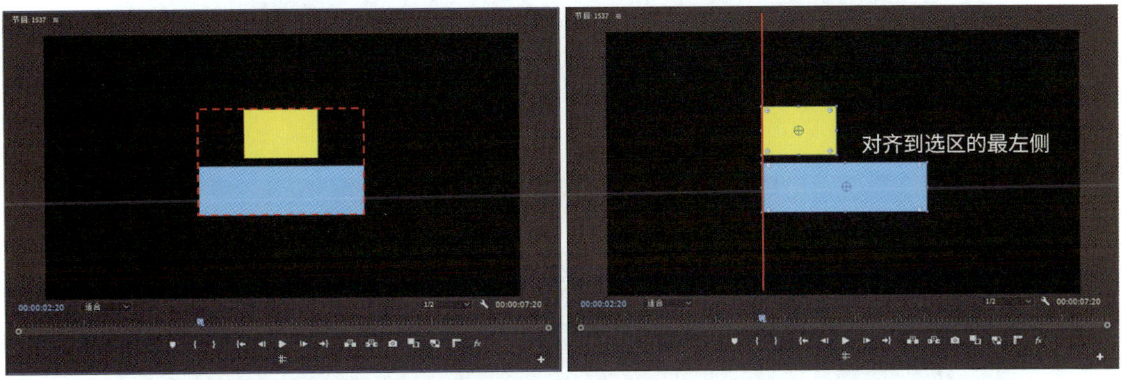

图 4－2－39　左对齐

三、变换工具

变换工具主要用于对图层的位置、旋转、不透明度、缩放等属性进行变换，图层的属性分为固有属性和特有属性，如图 4－2－40 所示。

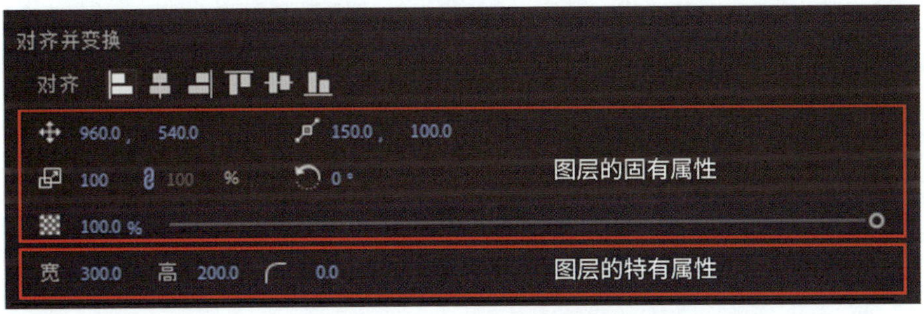

图 4－2－40　图层的属性

图层的固有属性是指每个类型的形状图层都具有的属性，是通用的属性，包括位移、旋转、缩放、锚点、透明度，如图 4－2－41 所示。

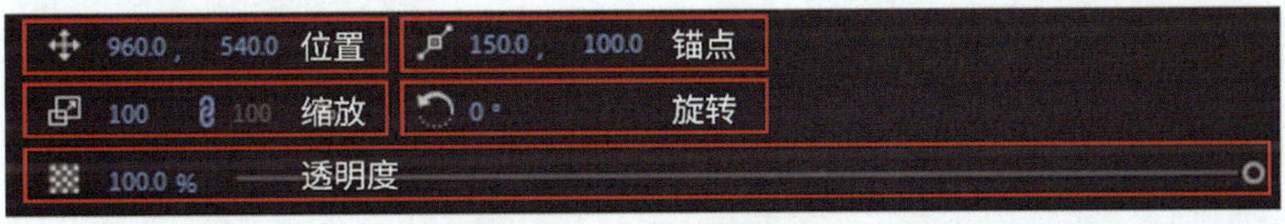

图 4－2－41　图层的固有属性

图层的特有属性是指图层所特有的，不同类型的形状其属性都有少许不同。矩形的特有属性包括宽度、高度、角半径 3 种，如图 4－2－42 所示。多边形的特有属性包括宽度、高度、角半径、边数 4 种，如图 4－2－43 所示。

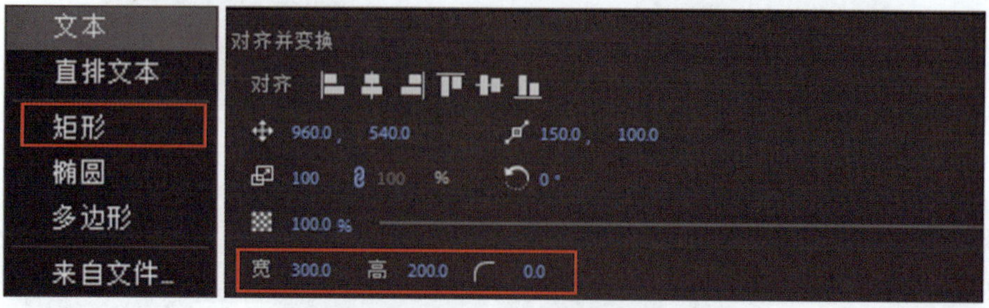

图 4－2－42　矩形的特有属性

图 4－2－43　多边形的特有属性

提示：可以根据图层的固有属性设置关键帧，单击属性前的按钮就可以激活关键帧，如图 4－2－44 所示。

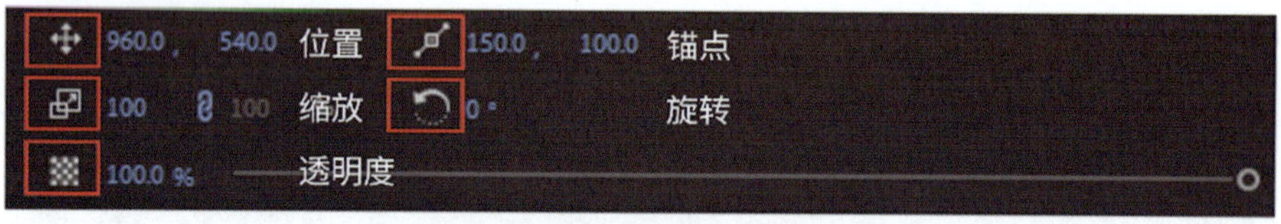

图 4－2－44　激活关键帧

四、文本

“文本”面板用于修改文本的属性，如图 4－2－45 所示。

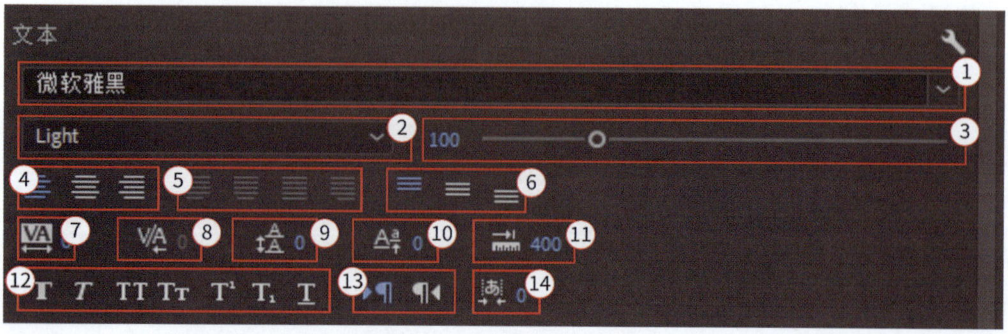

图 4－2－45　“文本”面板

（一）字体

可在“字体”下拉列表中选择字体，建议将常用字体添加到收藏夹（单击字体名称前面的五角星图标即可），以便快速调用，如图 4-2-46 所示。

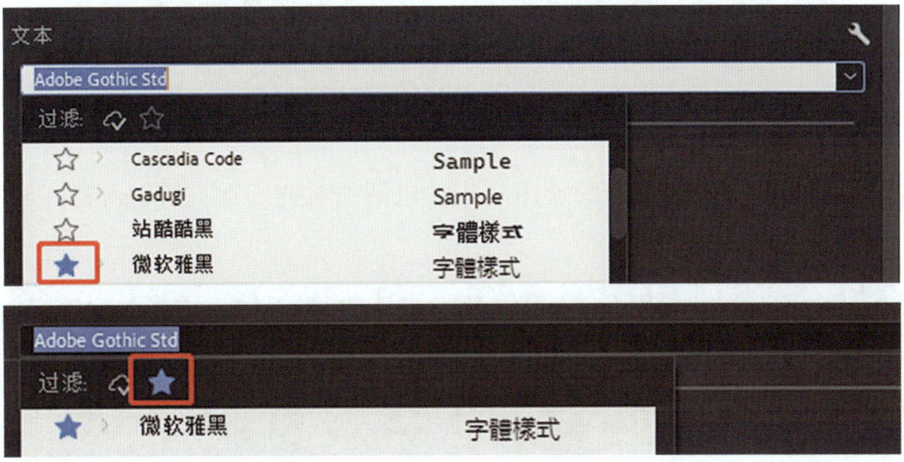

图 4-2-46　选择并收藏字体

（二）字体样式

可在“字体样式”下拉列表中选择字体的样式。

（三）字体大小

可通过滑动滑块或输入数值设置字体大小。

（四）段落文本对齐

段落文本对齐方式包括左对齐、居中对齐、右对齐，如图 4-2-47 所示。

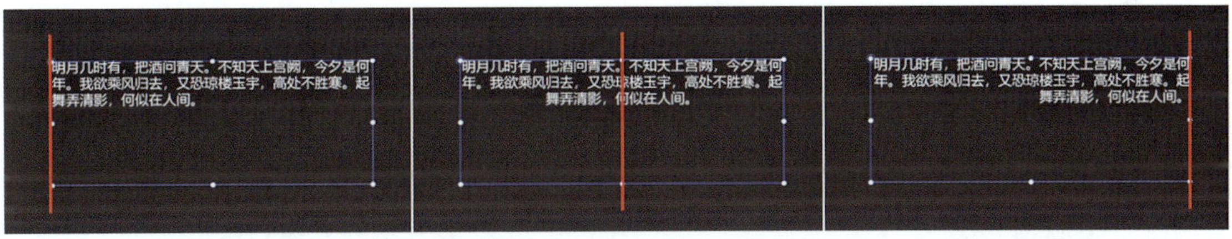

（a）左对齐　（b）居中对齐　（c）右对齐

图 4-2-47　段落文本对齐方式

（五）段落最后一行对齐

段落最后一行对齐包括最后一行左对齐、最后一行居中对齐、对齐（最后一行分散对齐）、最后一行右对齐，如图 4-2-48 所示。

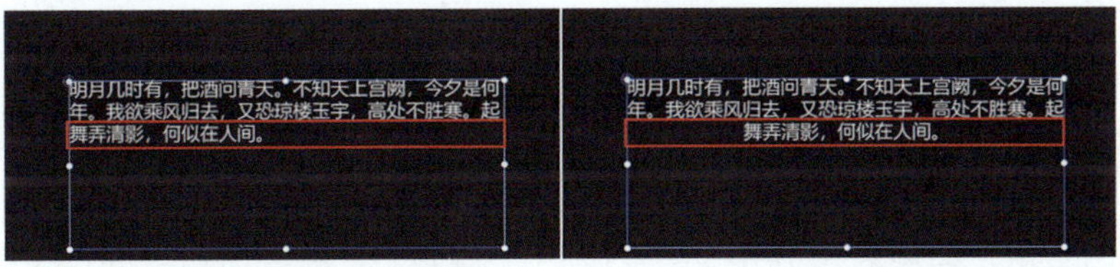

（a）最后一行左对齐　（b）最后一行居中对齐

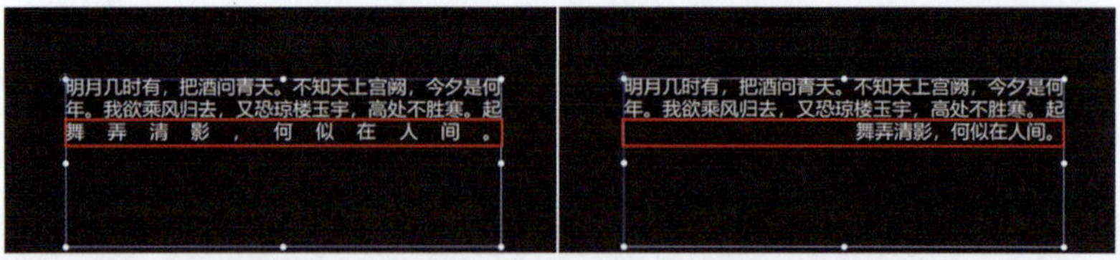

（c）对齐　　（d）最后一行右对齐

图 4－2－48　段落最后一行对齐方式

（六）段落整体对齐

段落整体对齐是指段落文本的整体对齐，包括顶对齐、垂直居中对齐、底对齐，如图 4－2－49 所示。

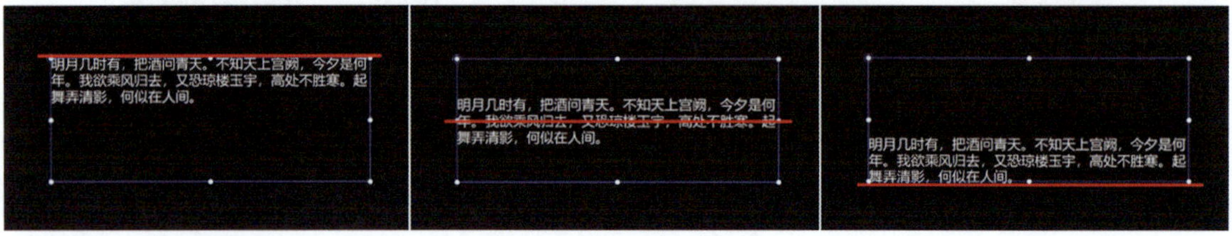

（a）顶对齐　　（b）垂直居中对齐　　（c）底对齐

图 4－2－49 段落整体对齐

（七）字距

可通过“字距工具”扩大或缩小字符间距。

（八）字偶间距

可通过“字偶间距工具”增加或减少字符之间的距离，需将光标置于两个字符之间才能调整。

（九）行距

可通过“行距工具”扩大或缩小行间距。

（十）基线位移

“基线位移工具”用于相对文本的基线上下移动所选字符，默认文本的基线在底部。该工具常用于手动设置分数或上下标等。

（十一）制表符宽度

可通过“制表符宽度工具”设置按“Tab”键时呈现的宽度，默认值为 400。

（十二）仿样式

仿样式包括仿粗体、仿斜体、全部大写字母、小型大写字母、上标、下标和下划线。

（十三）输入方向

文字的输入方向可设为从左至右或从右至左。

（十四）比例间距

“比例间距工具”用于按指定的百分比减小字符的间距。

五、外观

“外观”面板用于设置文本和形状的外观，可通过填充、描边、背景、阴影和蒙版来设置，如图 4－2－50 所示。

图 4－2－50 “外观”界面

（一）填充

可以设置文字的填充颜色。使用“吸管工具”可以吸取屏幕上任意位置的颜色，也可从“拾色器”面板中选择颜色，如图 4－2－51 所示，“拾色器”面板提供了实底、线性渐变、径向渐变 3 种填充选项。

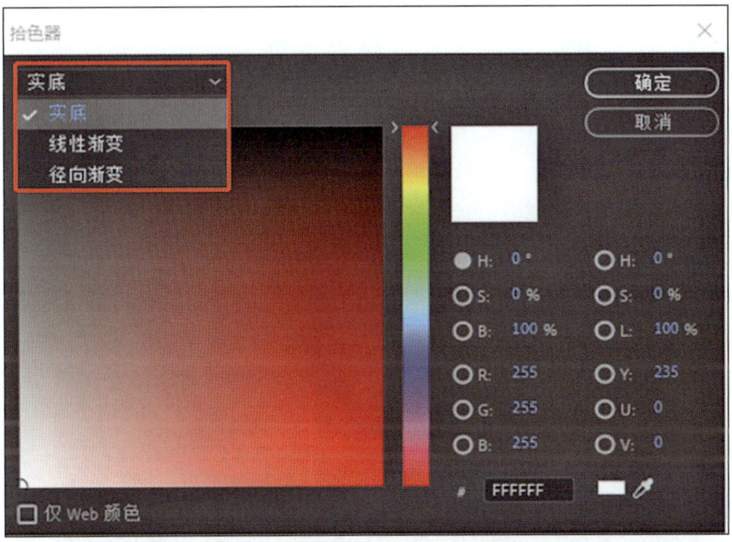

图 4－2－51 “拾色器”面板

（二）描边

可以对文字设置描边效果。可设置描边颜色（单击颜色区域）、描边宽度、描边方式和描边数量。单击“＋”号，可以增加描边的数量，每单击一次将增加一层描边，如图 4－2－52 所示。

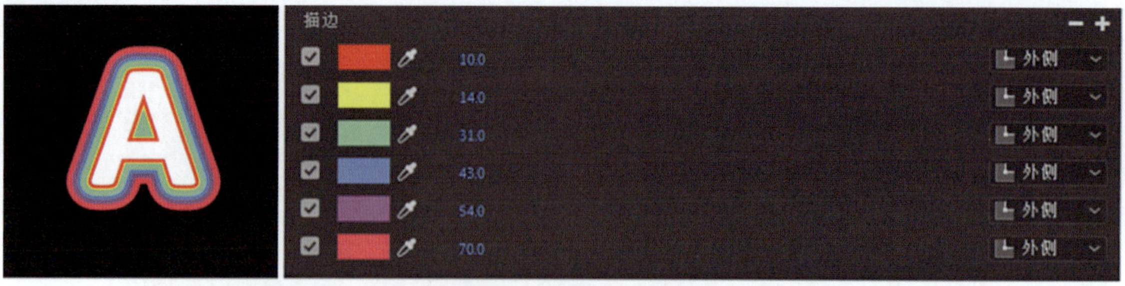

图 4－2－52　文字描边

1. 选择描边方式

3 种不同的描边方式如图 4－2－53 所示。

图 4－2－53　描边方式

（1）外侧描边：从形状的边缘开始，随着宽度的增加向外延伸。描边绘制在填充下面。

（2）内侧描边：从形状的边缘开始，随着宽度的增加向内延伸。描边绘制在填充上面。

（3）中心描边：描边位于形状的填充之上，但在文本的填充之下。

2. 更改描边样式

单击“外观”右侧的按钮，打开“图形属性”对话框，如图 4－2－54 所示。

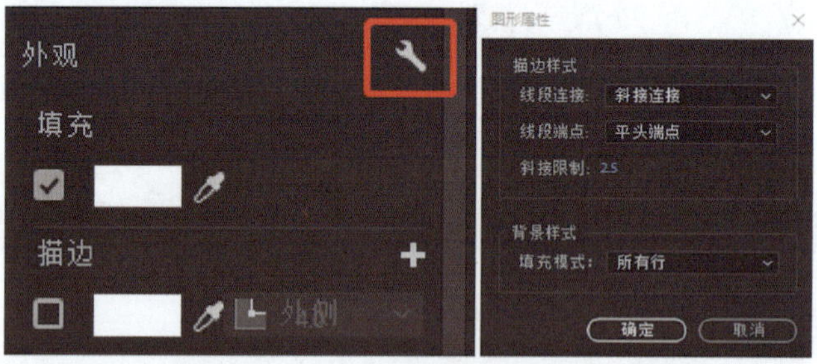

图 4－2－54　“图形属性”对话框

（1）线段连接：包括斜接连接、圆角连接、斜面连接，如图 4－2－55 所示。

图 4－2－55　线段连接

（2）线段端点：可将线段端点设置为平头端点、圆头端点、方头端点，如图 4－2－56 所示。

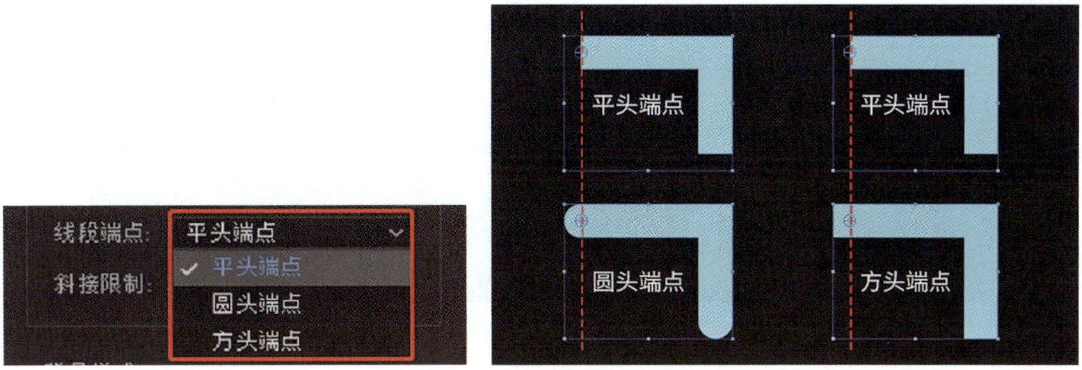

图 4－2－56　线段端点

（三）背景

可为文字区域设置背景色①和不透明度②，并更改大小③和角半径④，如图 4－2－57 所示。

图 4－2－57　文字区域背景设置

（四）阴影

可以调整文字的阴影，包括设置阴影颜色①、透明度②、角度③、距离④、大小⑤、模糊⑥，还可以单击“+”号进行多层阴影的添加⑦，如图 4－2－58 所示。

图 4－2－58　文字阴影调整

（五）文本蒙版／形状蒙版

在“基本图形”面板中，可以将上层的文本组件或形状组件作为蒙版，可使该图层区域以外的所有内容透明。

举例说明：创建 4 个图层，文本层在最上层，下面有 3 个形状图层，如图 4－2－59 所示。

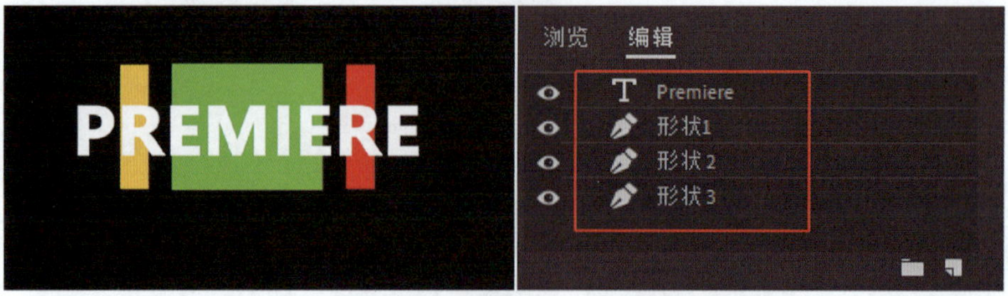

图 4－2－59　创建文本层与形状图层

选择文字，勾选其文本蒙版，可发现下方 3 个形状图层只在文本内容的区域内显示，如图 4－2－60 所示。

勾选“反转”可反转蒙版，发现下方 3 个形状图层只在文本内容的区域外显示，如图 4－2－61 所示。

图 4－2－60　文本蒙版

图 4－2－61　文本蒙版反转

（六）样式

可以将设置好的样式保存起来，以便后期调用。在“样式”面板打开“样式”下拉列表，选择“创建样式”，在弹出的“新建文本样式”对话框中输入“名称”，单击“确定”按钮即可，如图 4－2－62 所示。

图 4－2－62　新建文本样式

六、变换

“变换”是对图形的整体进行变换操作，只有在未选中任何图层时“变换”面板才出现在“基本图形”面板中，如图 4－2－63 所示。

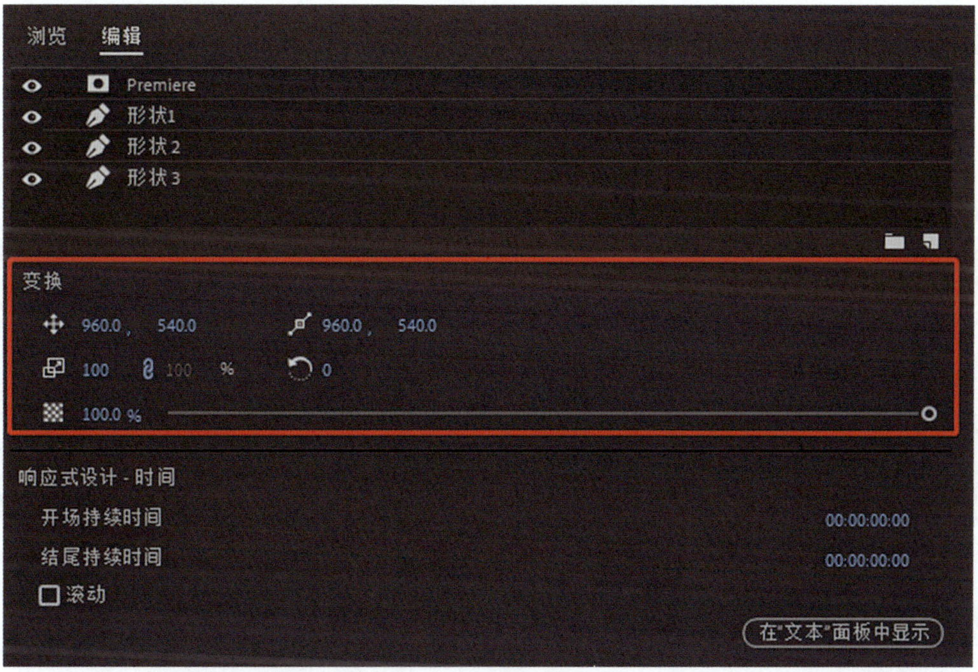

图 4－2－63　“变换”面板

举例说明：创建 4 个图层（见图 4－2－64），不选择任何图层，在时间线上单击选择图形（见图 4－2－65），即可对图形进行整体变换操作，这里通过比例缩放功能调节图形的大小，如图 4－2－66 所示。

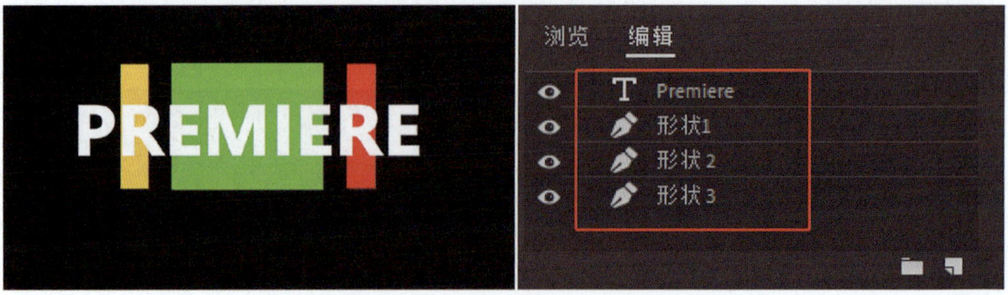

图 4－2－64　创建 4 个图层

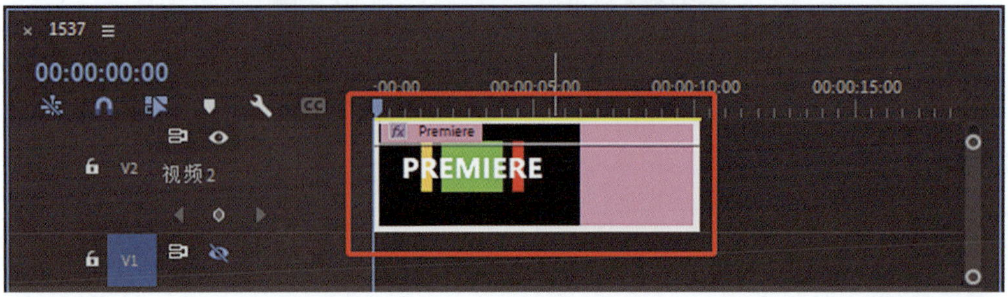

图 4－2－65　在时间线上选择图形

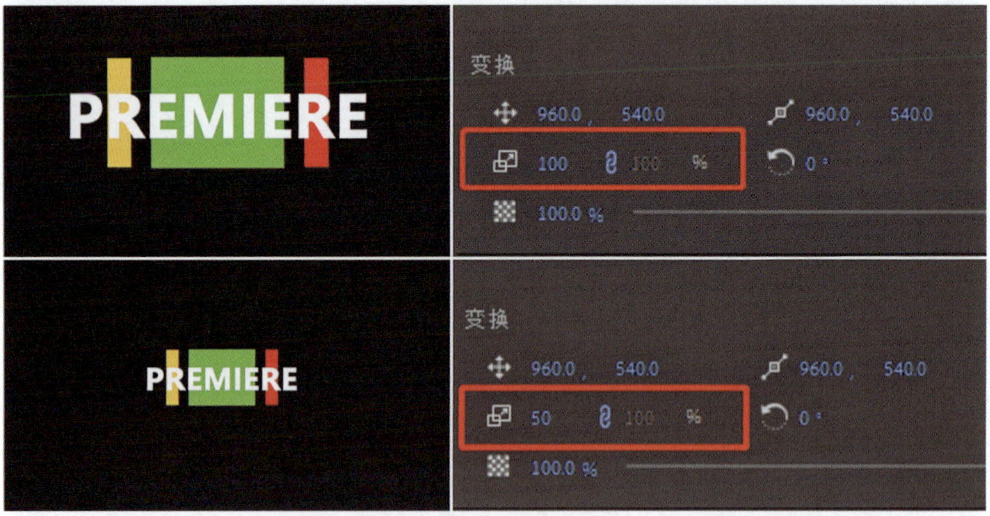

图 4－2－66　调节图形的大小

七、响应式设计－时间

“响应式设计－时间”面板也是只有在未选中任何图层时才出现在“基本图形”面板的下方，如图 4－2－67 所示。

图 4－2－67 “响应式设计 - 时间”面板

八、“基本图形”模板

“基本图形”面板的“浏览”栏提供了多种基本图形模板供用户套用，帮助用户用更短的时间制作出更精美的作品，如图 4－2－68 所示。

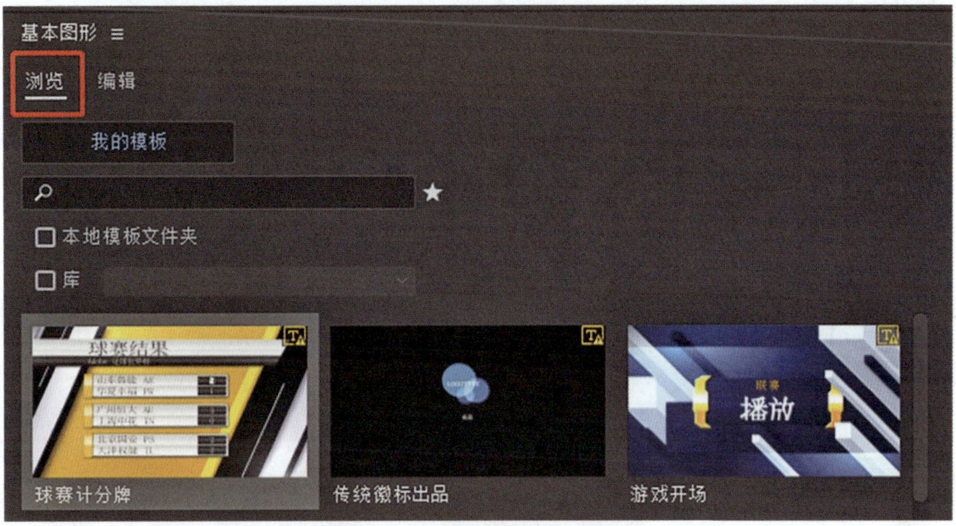

图 4－2－68 基本图形模板

套用模板的方法很简单，将选定的模板拖曳到时间线上即可，如图 4－2－69 所示。

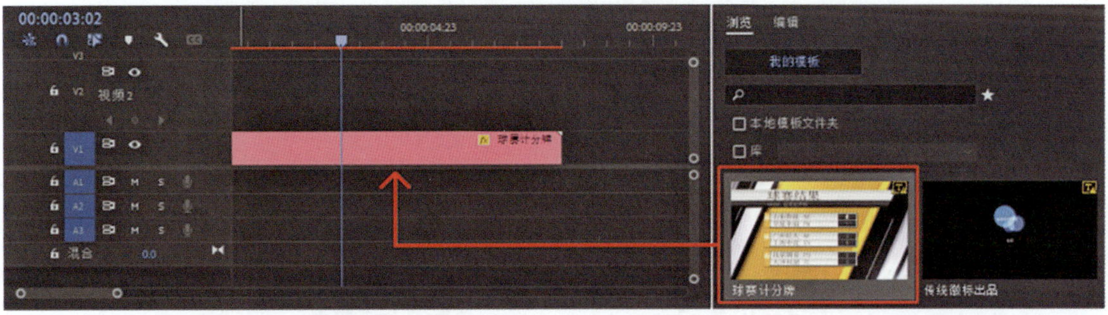

图 4－2－69 套用模板

可通过“编辑”栏对模板进行二次编辑，可编辑项如图 4－2－70 所示。

图 4－2－70　模板可编辑项

例如，将标题改为“青少年篮球赛”，如图 4－2－71 所示。

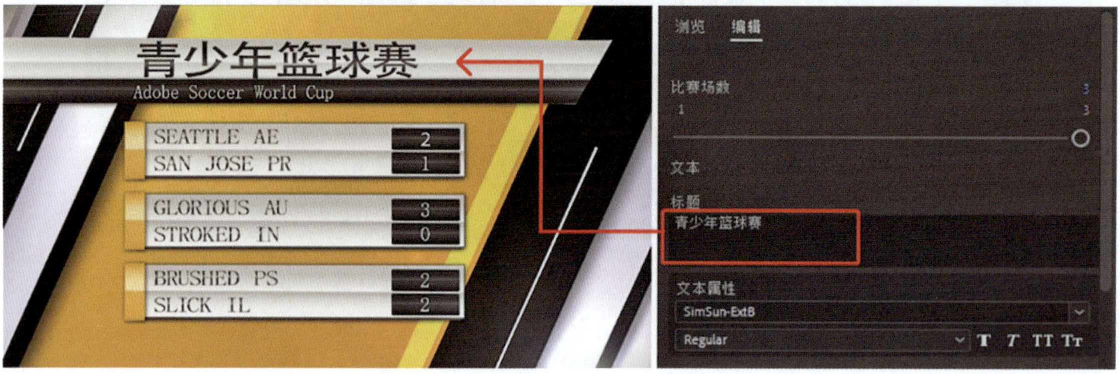

图 4－2－71　编辑示例

实操练习

使用文本与图形编辑工具制作片尾字幕。

文本与图形编辑工具的应用

使用文本与图形编辑工具制作片尾字幕

5 项目五　视频调色

知识目标

- 理解色彩原理。
- 掌握调色基础知识。
- 熟悉各种调色工具。

能力目标

- 掌握调色方法。
- 掌握调色功能在视频制作过程中的应用。

素质目标

- 提升审美能力、观察分析能力与创意思维能力。

视频调色是视频制作过程中的重要一环，通过调整画面的颜色、亮度、对比度等参数，增强视频的视觉效果和表现力。调色可以根据不同的需求和目的进行，包括修正色彩偏差、匹配不同素材的色彩风格、为画面增加特定的色彩效果等。

要做好这一工作，不仅要掌握一定的色彩原理知识，如色彩模型、相邻色和互补色、色彩三要素等，而且要熟练运用各种调色工具，如色彩校正工具、色彩分级工具、曲线调整工具等。除了技术层面的要求，还需要具备一定的审美能力和创意思维能力。调色的目的是提升视频的视觉体验和观赏价值，因此要求用户具备对色彩的敏感度和审美能力，能够根据不同的情境和需求选择合适的色彩搭配和调整方案。

任务一 调色基础知识

知识链接

一、什么是调色

调色是指对视频画面的色彩进行修改或调整。色彩是艺术的重要表现手段之一，调色可以更好地体现画面表现力和传达情感。

调色大致可以分为两个步骤：第 1 步是校色，第 2 步是在校色的基础上进行风格化调色。其中，校色又可以分为两个部分：一是调整白平衡，二是确定影调。

二、校色与风格化调色的意义

校色的意义在于使后续的风格化调色更加准确，风格化调色的意义在于增加特定的情绪氛围和艺术感。因为过于真实的色彩有时缺少一定的情感与艺术效果，所以需要通过风格化调色给观众带来特定的情绪表达。

三、调色的作用

调色能够提升整个画面的质量，纠正色彩偏差，平衡色彩，突出画面的主题，增强视觉冲击力，使观众更容易被吸引。同时，调色还可以进一步表达创作者的意图和情感，增强视频的表现力和感染力。

通过调整图层的颜色、饱和度、明暗度等参数，可以达到不同的调色效果。不同的颜色可以表现不同的情感，比如红色代表热情、喜悦，蓝色代表平静、冷静等。

四、调色注意事项

（一）观察素材

调色之前要观察素材，了解其色彩、亮度、对比度等方面的特点，确保素材的色彩是正确的，没有过曝或欠曝等问题。

（二）由整体到局部

调色时需要先调整画面的整体效果，如色彩、亮度、对比度等，然后再对局部细节进行调整，这样才能更好地表现画面的层次感。

（三）参考标准

如果对颜色的把握不是很准确，可以通过 Premiere 的 Lumetri 范围属性了解画面信息，再根据自己的想法进行相应的调整。

（四）小心锐化

锐化可以增强视频的清晰度，使细节更明显。但要避免过度锐化，否则会使画面看起来不自然。

（五）注意饱和度

调整饱和度可以改变颜色的鲜艳程度。设置自然饱和度可以防止肤色等特定颜色的饱和度过高，使画面看起来更加自然。

（六）保持逻辑性

调色时要保持逻辑性，根据场景和内容调色。例如，对于夜晚场景视频要注意曝光是否正常。

（七）多次试验

调色需要不断尝试和微调，才能达到最佳效果。因此，建议多次试验，不断改进。

实操练习

观察不同类别视频的色彩风格和调色效果，分析它们的特点和优劣，学习其中的调色技巧和思路。

任务二 Premiere 的校色方法

知识链接

在 Premiere 中，可使用“Lumetri 颜色”工具组进行视频调色，它提供了基本校正、创意、曲线、色轮和匹配、HSL 辅助等多种调色工具。

一、调色面板

执行“窗口→工作区→颜色”命令将工作区切换为颜色工作区，以便对视频进行调色，如图 5－2－1 所示。此时，Premiere 的界面布局更适合进行调色工作，如图 5－2－2 所示。

图 5－2－1　切换为颜色工作区

图 5－2－2　调色工作布局

调色工作主要用到两个面板：“Lumetri 范围”和“Lumetri 颜色”，如图 5－2－3 所示。

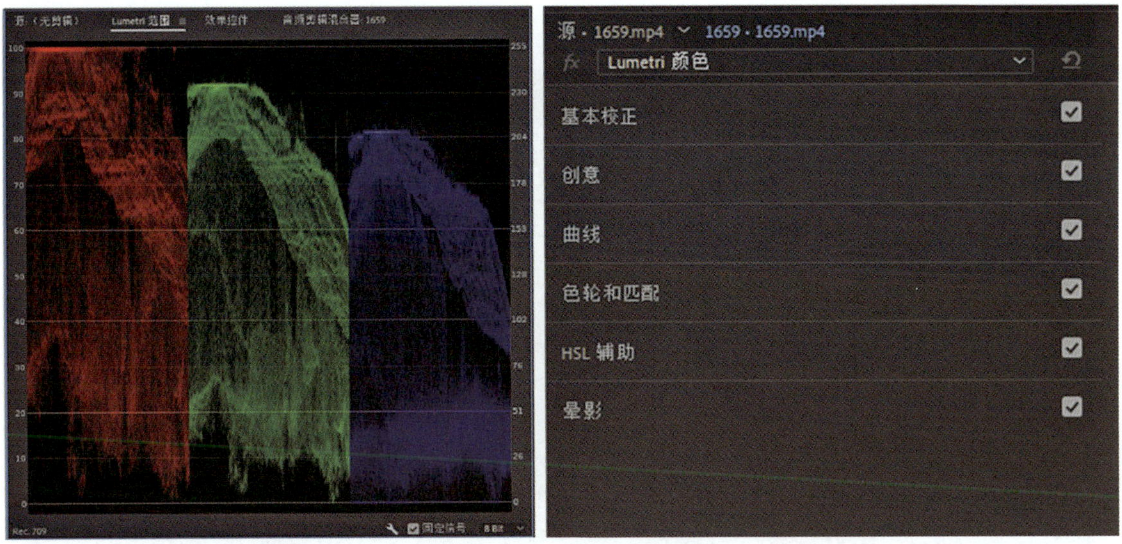

图 5－2－3　Lumetri 范围（左）和 Lumetri 颜色（右）

“Lumetri 范围”是一个参考面板，通过它可以了解画面颜色信息的分布，有助于进行准确调色；“Lumetri 颜色”面板则是专门用于画面调色的面板。

二、Lumetri 范围

在“Lumetri 范围”面板右击鼠标，可以在弹出的快捷菜单中看到更多选项，如矢量示波器和直方图等，如图 5－2－4 所示，这些都是用于快速、准确认知颜色信息的工具。

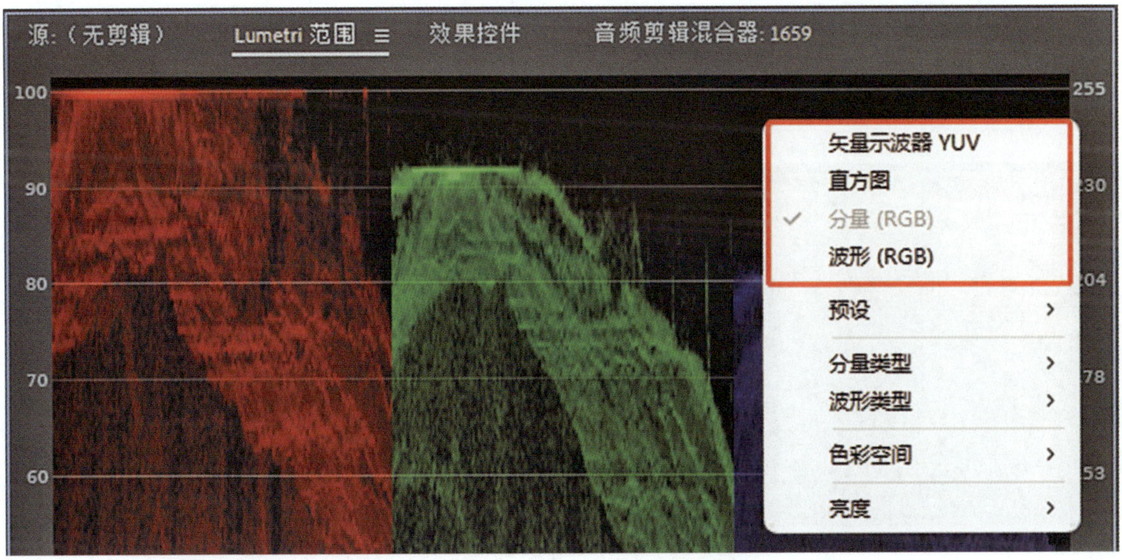

图 5－2－4　Lumetri 范围选项

（一）分量（RGB）示波器

Lumetri 范围中默认的示波器为分量（RGB）示波器，如图 5－2－5 所示。可见，画面有红、绿、蓝 3 种颜色的信息分布，该示波器可以清楚地展现画面当中分布了多少红色、绿色、蓝色，以及它们的分布形态。

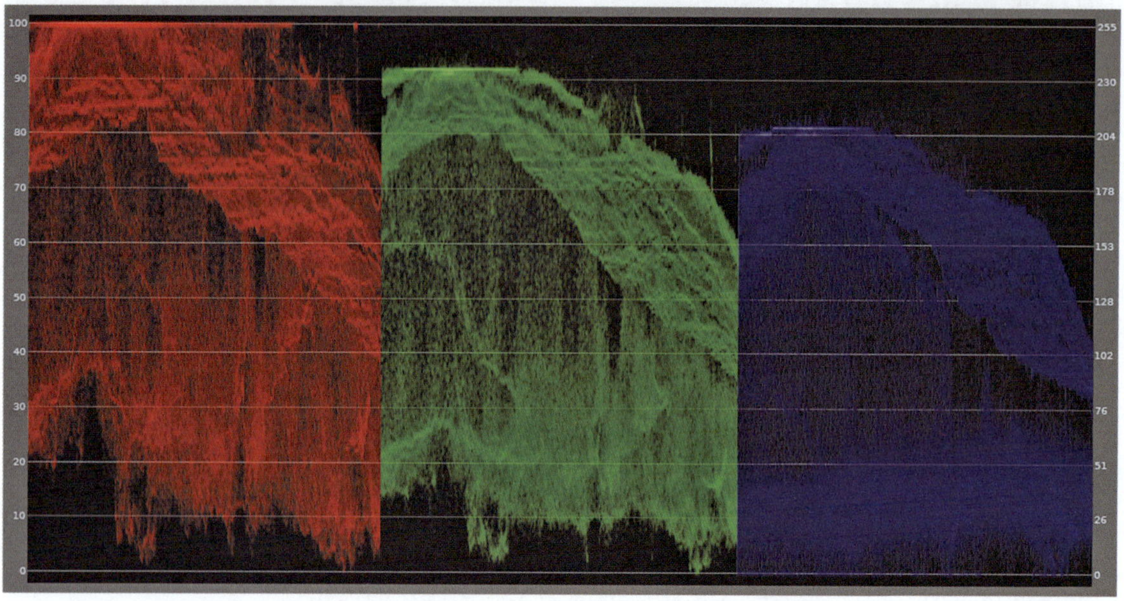

图 5-2-5　Lumetri 范围分量（RGB）示波器

分量图左侧数值 0 ～ 100 代表亮度值，从上到下大致分为高光区、中间调和阴影区。

下方的 0 对应的是画面中最暗的部分，也就是黑色。调色时可以使下方的颜色分布接近于 0，但不要低于 0。上方的 100 对应的是画面中最亮的部分，也就是白色。调色时可以使上方的颜色分布接近于 100，但不要超过 100。中间的 20 ～ 80 为中间调的颜色分布。

在分量（RGB）示波器中，如果顶部的红、绿、蓝颜色信息超过了 100，反映在画面中就会出现“死白”（曝光过度）的情况，如图 5-2-6 所示。如底部的红、绿、蓝颜色信息超过了 0，反映在画面中就会出现“死黑”（曝光不足）的情况，如图 5-2-7 所示。

图 5-2-6　画面曝光过度

通过分量（RGB）示波器不仅可以看出画面是否存在“死黑”或“死白”的情况，还可以发现画面是否存在偏色。如图 5-2-8 所示的画面的颜色明显偏红，因为红色信息明显高于其他两种颜色的信息。

图 5－2－7　画面曝光不足

图 5－2－8　画面偏色

（二）矢量示波器 YUV

如果要更改 Lumetri 范围的显示类型，在“Lumetri 范围”面板右击鼠标，然后在弹出的快捷菜单中选择所需的类型即可。这里选择“矢量示波器 YUV”并关闭“分量（RGB）”，此时“Lumetri 范围”面板中只显示矢量示波器 YUV 的信息，如图 5－2－9 所示。

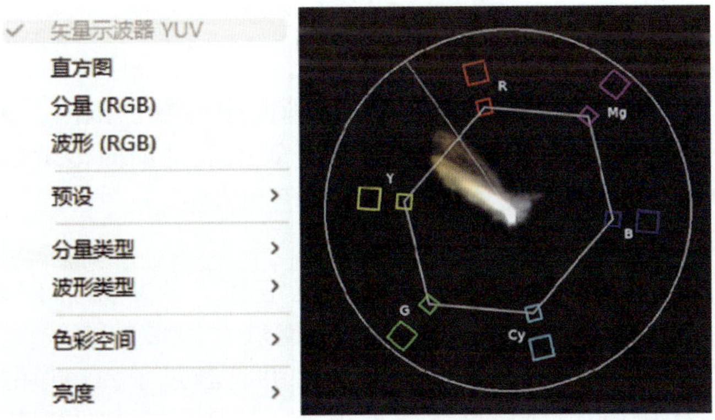

图 5－2－9　YUV 信息

分量（RGB）示波器和矢量示波器 YUV 显示的色彩信息明显不同，后者显示画面中各种颜色的偏向和饱和度信息，包括 R（红色）、Y（黄色）、G（绿色）、Cy（青色）、B（蓝色）和 Mg（品红），如图 5－2－10 所示。

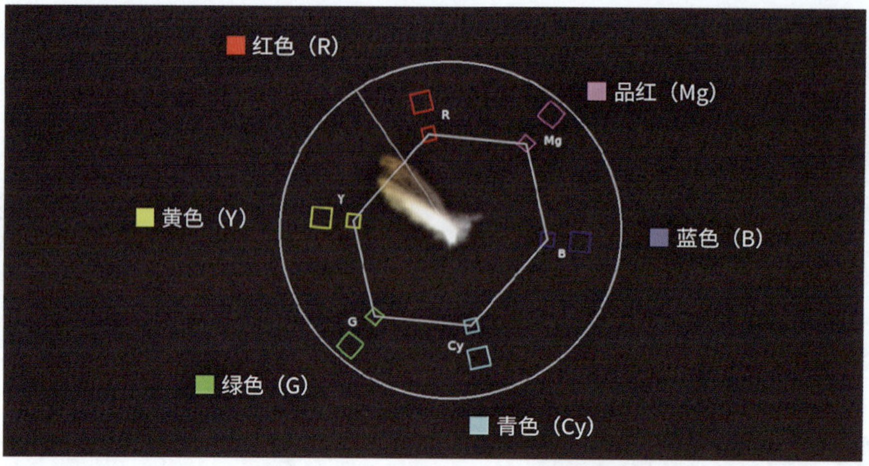

图 5-2-10　颜色偏向和饱和度信息

仔细观察矢量示波器 YUV，会发现颜色顺序和色环的颜色顺序一致，如图 5-2-11 所示。

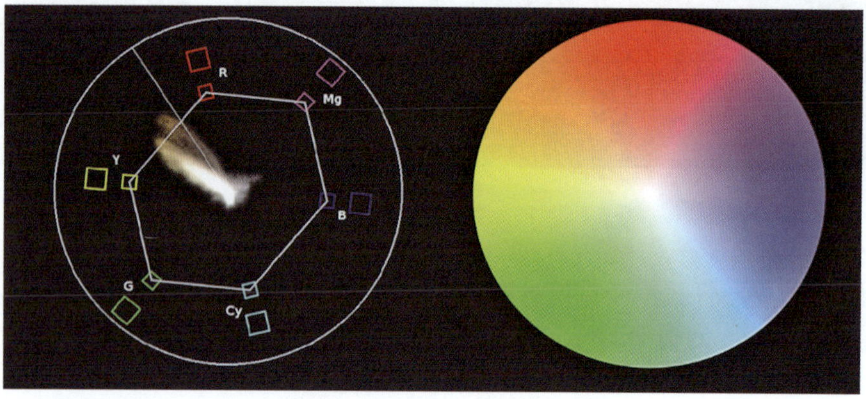

图 5-2-11　颜色顺序

1. 矢量示波器——颜色偏向信息

如图 5-2-12 所示，白色信息的偏向代表画面中的颜色偏向，矢量示波器 YUV 的白色信息大部分指向橙黄色，说明画面中大部分颜色信息偏向橙黄色；少部分指向紫色和青色，说明画面中只有少部分颜色信息偏向紫色和青色。

2. 矢量示波器——饱和度信息

白色信息向周围发散得越远，说明颜色越饱和。如果是黑白画面，饱和度信息为 0 时，就看不到白色的信息；如果白色区域越过六边形的边线，则饱和度过高。如图 5-2-13 所示，左图的白色信息发散得很远，并且越过了六边形的边线，说明画面整体颜色饱和度过高；中图的白色信息发散得很近，说明画面整体颜色饱和度偏低；右图的白色信息呈现一个点，说明画面整体颜色为黑白。

3. 矢量示波器——肤色线信息

在矢量示波器 YUV 中，黄色和红色中间的线是肤色线，可以利用该线准确地调整肤色，如图 5-2-14 所示。

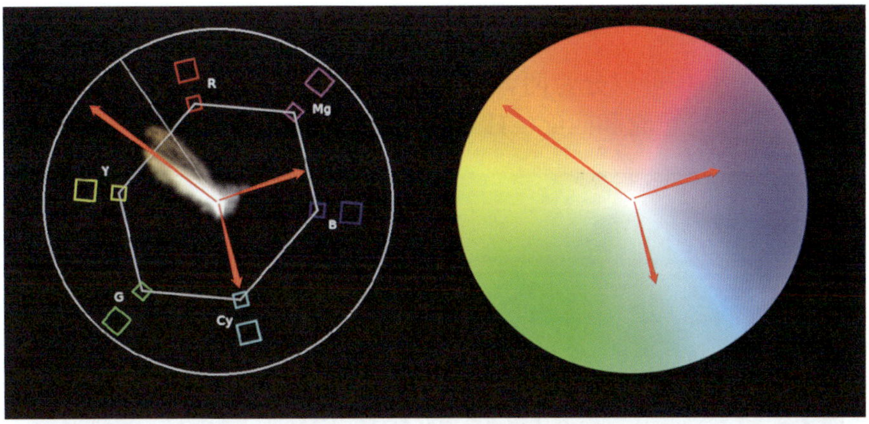

图 5-2-12　颜色偏向信息

图 5-2-13　饱和度信息

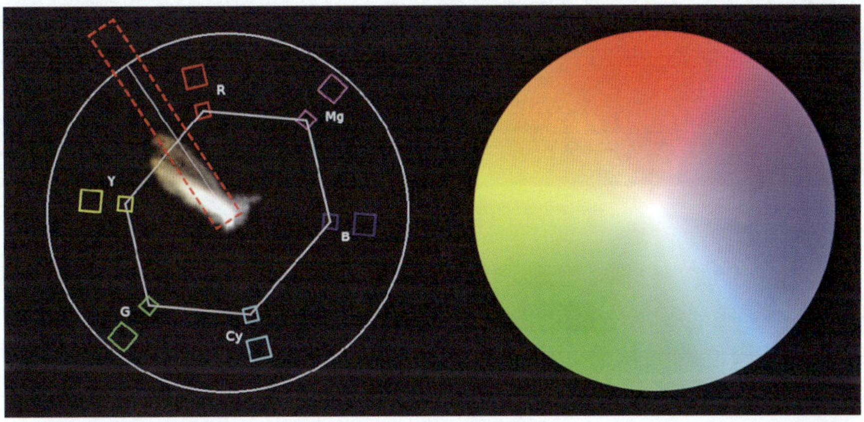

图 5-2-14　肤色线信息

三、Lumetri 颜色

“Lumetri 颜色”面板可以分为两大类：一类是颜色的基本校正面板，另一类是创意风格面板（创意、曲线、色轮和匹配、HSL 辅助、晕影），如图 5－2－15 所示。

图 5－2－15 “Lumetri 颜色”面板

（一）基本校正

基本校正分为颜色和灯光两部分，如图 5－2－16 所示。“颜色”部分用于调整白平衡，“灯光”部分用于调整画面整体色调。

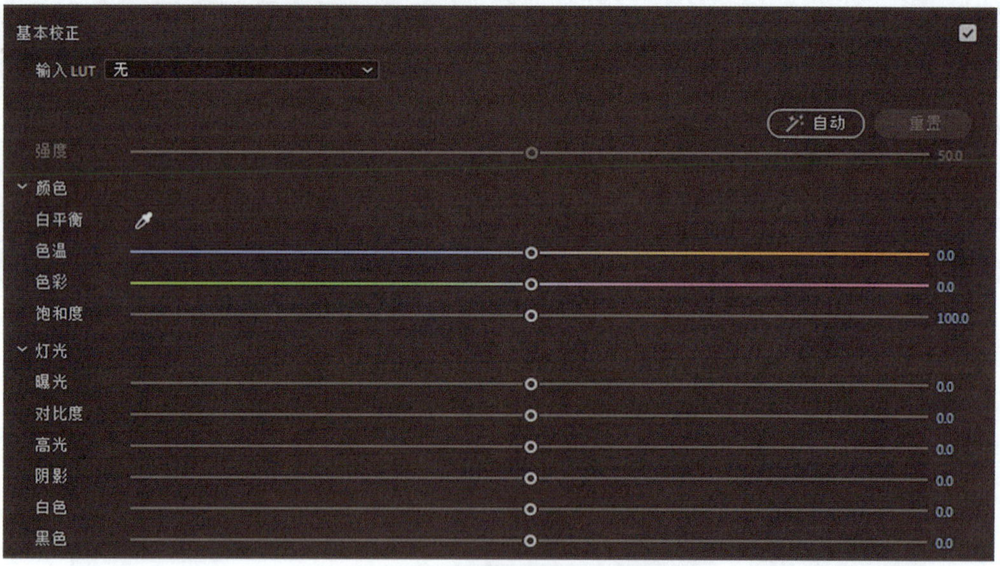

图 5－2－16 “基本校正”面板

“颜色”栏由白平衡、色温、色彩、饱和度四部分组成。其中，“白平衡”用于自动校正画面白平衡。用“吸管工具”单击画面中的白色或灰色物体（中性色彩），如白色的布料、白色的墙面或灰色的砖块等，即可完成自动白平衡校正。如图 5－2－17 所示，单击天鹅的羽毛（羽毛是白色，中性色彩）后，系统会自动校正画面白平衡，使颜色瞬间恢复真实。

图 5－2－17　自动校正画面白平衡

自动校正白平衡功能不是万能的，在很多情况下需要手动校正白平衡，这时会用到色温工具与色彩工具。手动校正时，需要借助分量（RGB）示波器，因为人眼对色彩存在一定偏好，很难实现准确的校正。

如图 5－2－18 所示，从分量（RGB）示波器很容易看出红色和绿色相对于蓝色高出很多，可以判断画面整体偏黄色。先进行自动校正，发现效果不佳，如图 5－2－19 所示。

图 5－2－18　画面颜色分布信息

下面进行手动校正，将色温调整为 –100，发现分量（RGB）示波器上的红色降低而蓝色升至最高，画面整体偏冷色，如图 5－2－20 所示。

图 5－2－19　自动校正效果不佳

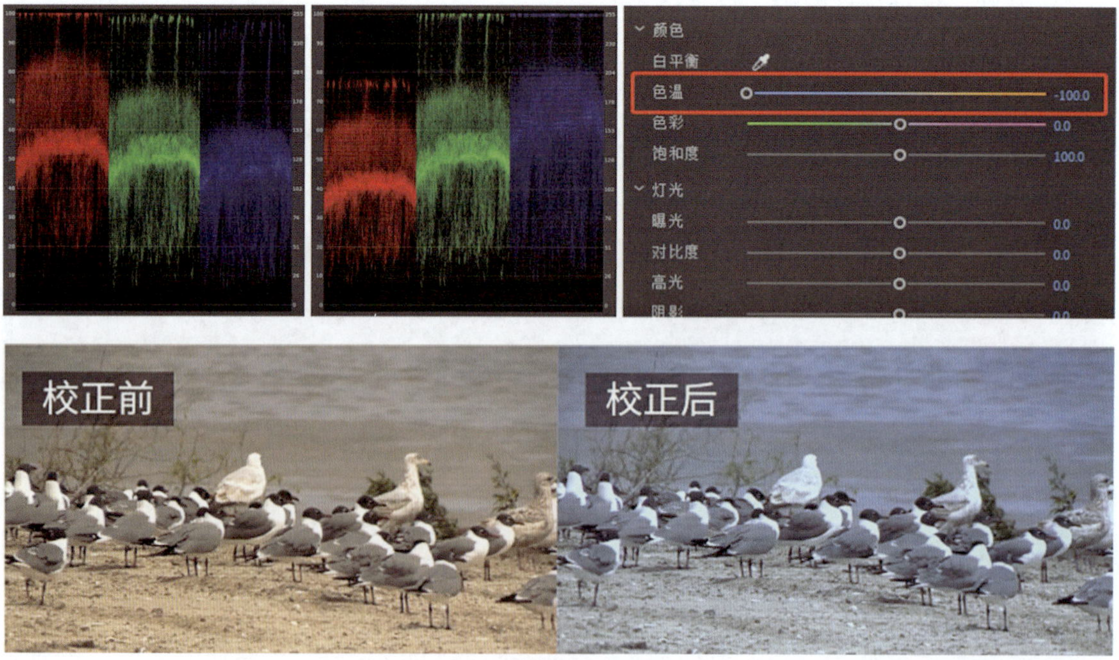

图 5－2－20　手动校正——色温（偏冷）

将色温调整为 100，发现分量（RGB）示波器上的红色升至最高，蓝色降至最低，画面整体偏暖色，如图 5－2－21 所示。

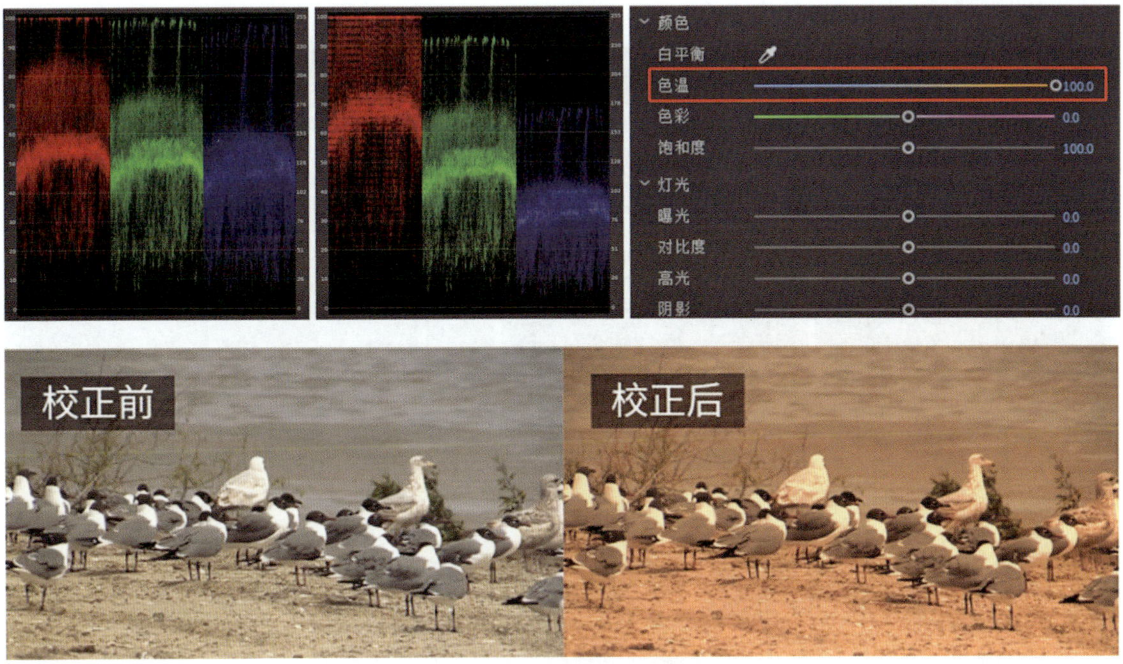

图 5－2－21　手动校正——色温（偏暖）

接下来调整色彩。将色彩调整为 -100，发现分量（RGB）示波器上的红色和蓝色同时降低，而绿色升高，画面整体偏绿色，如图 5－2－22 所示。

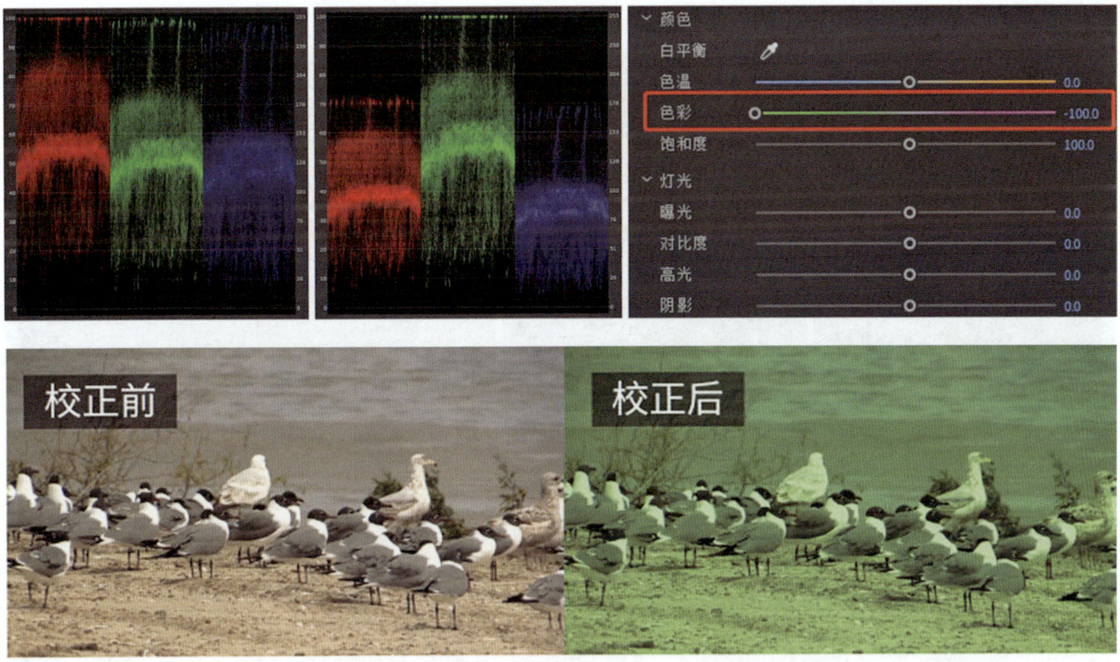

图 5－2－22　手动校正——色彩（偏绿色）

将色彩调整为 100，发现分量（RGB）示波器上的红色和蓝色同时升高，而绿色降低，画面整体偏品红色，如图 5－2－23 所示。

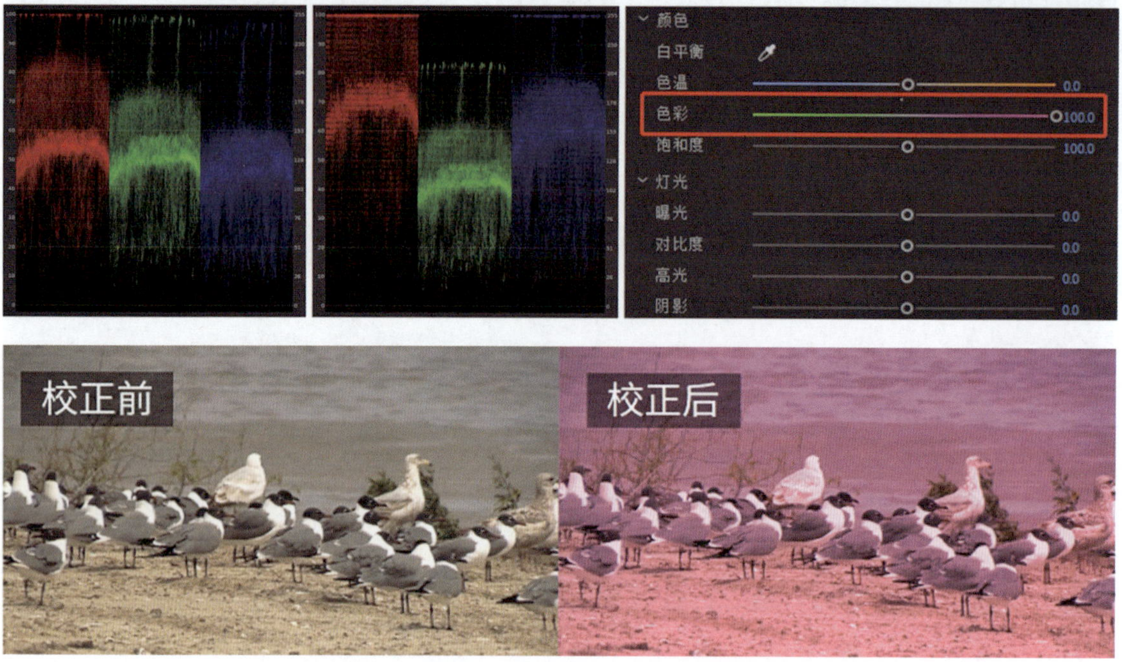

图 5－2－23　手动校正——色彩（偏品红色）

继续调整色彩，最终效果如图 5－2－24 所示，此时红色、绿色、蓝色的高度基本一致，偏色问题得到校正。

图 5－2－24　最终校正效果

（二）色调校正

色调是通过“灯光”栏中的六项来控制的，涉及画面的曝光度和影调，如图 5－2－25 所示。

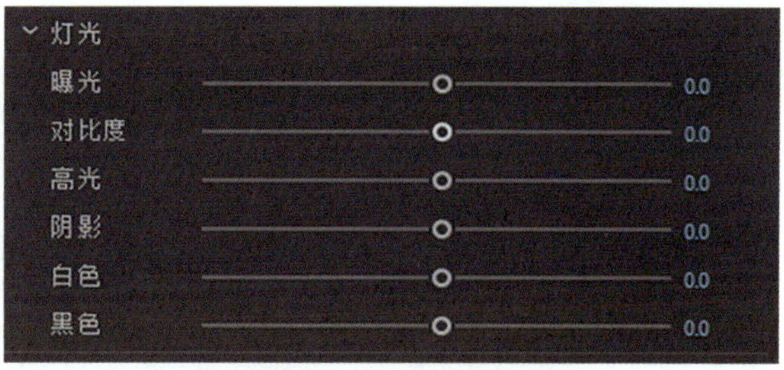

图 5－2－25 “灯光”栏

其中，曝光、高光、阴影、白色、黑色这五项分别代表分量（RGB）示波器的五个部分，如图 5－2－26 所示。“曝光”用于控制画面的中间调，“高光”用于控制画面的高光部分，“阴影”用于控制画面的阴影部分，“白色”用于控制画面最亮的部分，“黑色”用于控制画面最暗的部分。“对比度”则用于调整画面暗与亮的反差，使暗的部分更暗，亮的部分更亮。

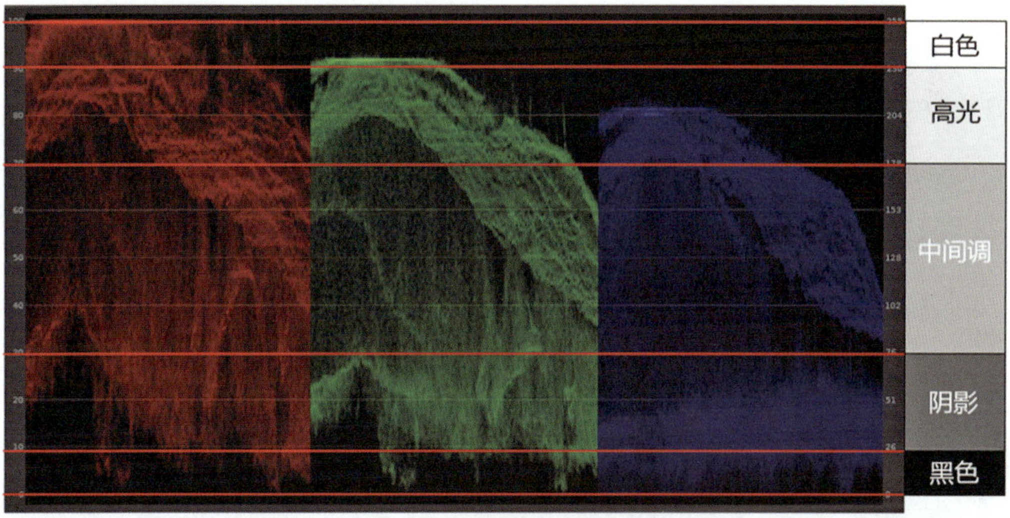

图 5－2－26 分量（RGB）示波器的五个部分

下面分析图 5－2－27 所示的视频画面。通过分量（RGB）示波器可以发现，画面整体的颜色信息集中在中间区域，缺少亮部和暗部的细节。

图 5－2－27 视频画面

第 1 步：提高对比度，增加明暗反差，使画面中暗的部分更暗，亮的部分更亮，如图 5－2－28 所示。

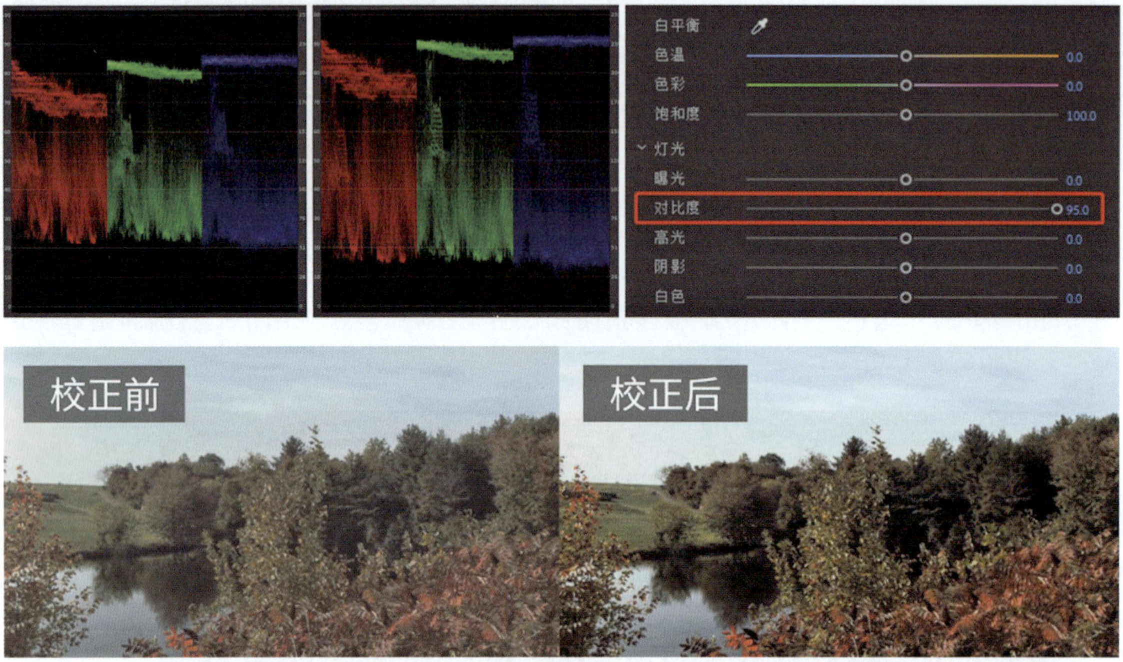

图 5－2－28　提高对比度效果对比

第 2 步：在亮部和暗部的对比弱，整体画面比较平的情况下，加强高光，减弱阴影，如图 5－2－29 所示。

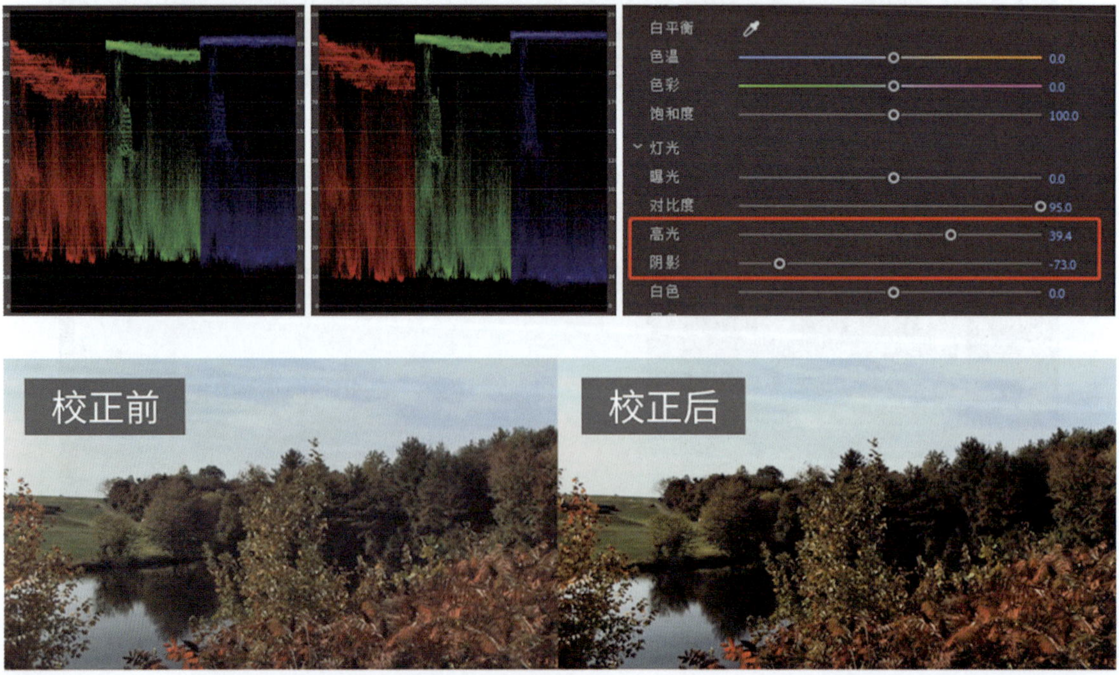

图 5－2－29　调整高光和阴影效果对比

第 3 步：调整画面中最亮和最暗的部分，使画面的层次感更加明显，如图 5－2－30 所示。

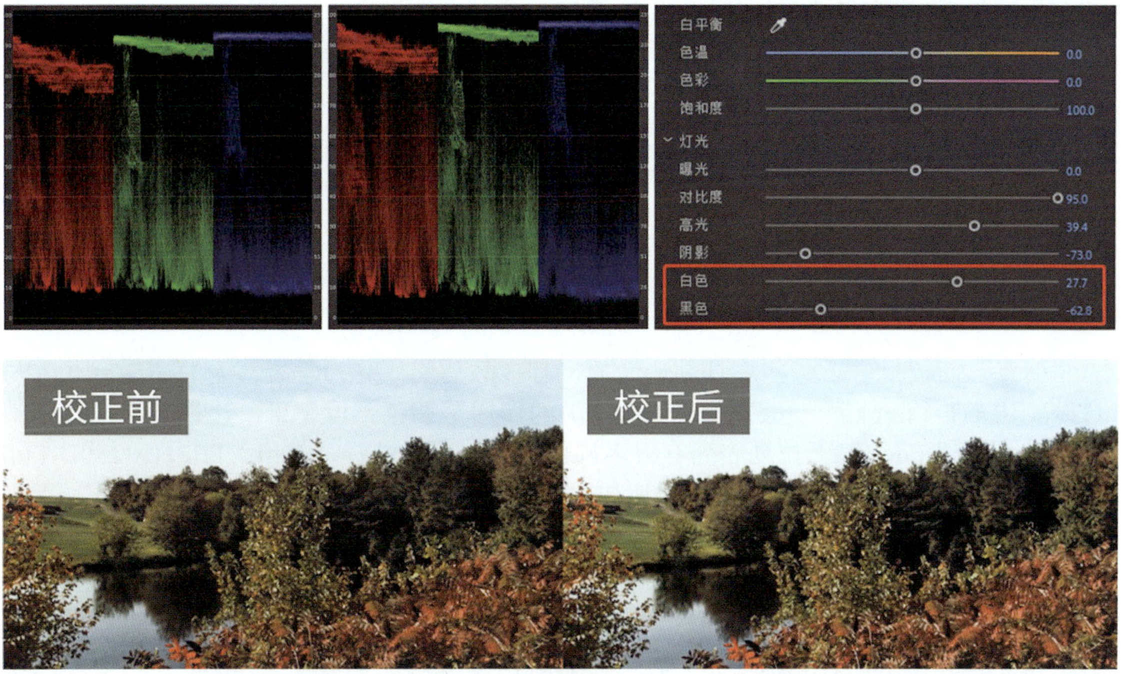

图 5－2－30　调整最亮和最暗部分效果对比

通常，需要避免画面中出现 100% 的白和 100% 的黑，否则会丢失很多颜色信息。

“饱和度”用于调整画面色彩的鲜艳程度，将饱和度调整为 50（即画面原饱和度的 50%）时，画面色彩几乎消失；将饱和度调整为 200（即画面原饱和度的 200%）时，画面色彩则非常鲜艳，如图 5－2－31 所示。

图 5－2－31　调整饱和度效果对比

实操练习

打开 Premiere 软件，熟悉调色面板与各种校色参数。

任务三 Premiere 的调色方法

知识链接

基本校正属于对视频画面的一级调色。一级调色完成，便可以进行更主观的风格化调色，即二级调色。

一、创意

“创意”面板提供了一些更具创造性的、有趣的功能，受初学者喜爱的功能有载入与 LUT 等。LUT（LookupTable，颜色查找表）的作用是调色预设，可以让视频快速达到某种调色效果。“Look”下拉列表列有很多调色效果选项，选择“Fuji ETERNA 250D Fuji 3510（by Adobe）”选项的调色效果对比如图 5－3－1 所示。

图 5－3－1　添加 LUT 效果对比

单击左、右箭头按钮可以进行 LUT 效果切换，画面下方会显示当前 LUT 的名称，如图 5－3－2 所示。注意：切换效果并不会直接应用到视频素材上，即左侧节目窗口的视频色彩不会发生变化，需要在右侧预览窗口确定后才会生效，如图 5－3－3 所示。

图 5－3－2　LUT 效果切换

图 5-3-3　LUT 效果预览

应用 LUT 之后，可以调整 LUT 的“强度”，“强度”越强，LUT 的效果就越明显。此外，还可以选择“Look”下拉列表中的“浏览”选项加载已经下载到计算机中的 LUT 文件，如图 5-3-4 所示。

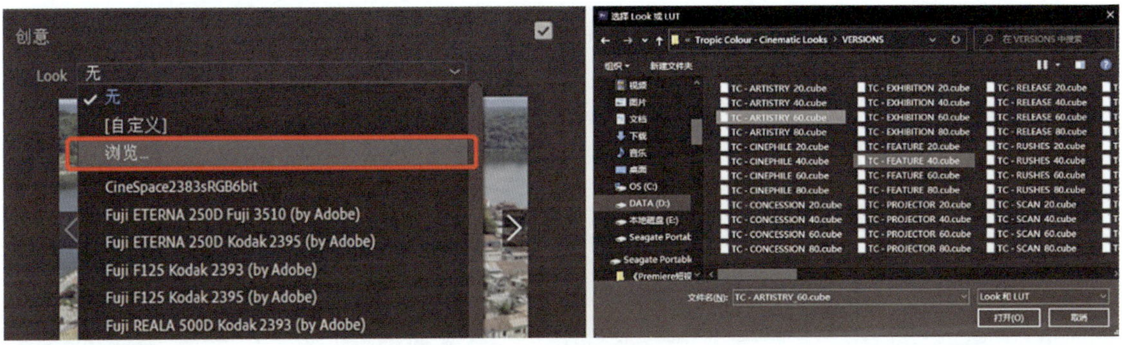

图 5-3-4　加载已下载的 LUT 文件

（一）淡化胶片

淡化胶片效果类似于在画面上遮挡一层薄雾。例如，“淡化胶片”设置为 100 时，画面色彩效果对比如图 5-3-5 所示。

图 5-3-5　淡化胶片效果对比

（二）锐化

如果觉得前期拍摄的画面的锐度不够，调整“锐化”即可。“锐化”设置为 100 时，物体的细节相当锐利；“锐化”设置为 -100 时，物体的细节则接近模糊，如图 5-3-6 所示。

图 5-3-6　锐化效果对比

（三）自然饱和度与饱和度

自然饱和度与饱和度都是指画面色彩的浓艳程度。设置“饱和度”可增减画面的所有色彩，设置“自然饱和度”则只增减未饱和的色彩，一般不调整已饱和的色彩，所以通过“自然饱和度”调整的画面色彩更为自然。

将“自然饱和度”设置为最大值之后，画面色彩依然在可接受范围之内；将“饱和度”设置为最大值之后，则会出现不自然的过饱和现象。

（四）色彩平衡

在“调整”面板中，可以在画面的高光或阴影部分单独加入一种色彩。例如，在“阴影色彩”中加入蓝色，在“高光色彩”中加入橙色，效果如图 5-3-7 所示。

图 5-3-7　调色效果对比

如果将“色彩平衡”滑块向左调，画面色彩向橙色偏移（“高光色彩”中添加的色彩）；将“色彩平衡”滑块向右调，画面色彩则向蓝色偏移（“阴影色彩”中添加的色彩），如图 5－3－8 所示。

图 5－3－8 “色彩平衡”滑块调节效果对比

二、曲线

“曲线”面板包含“RGB 曲线”和“色相饱和度曲线”两项，如图 5－3－9 所示。

图 5－3－9 “曲线”面板

（一）RGB 曲线

“RGB 曲线”由白、红、绿、蓝曲线组成，可以通过单击圆形的颜色按钮切换曲线的种类，白色代表亮度曲线，红色代表红通道曲线，绿色代表绿通道曲线，蓝色代表蓝通道曲线，如图 5－3－10 所示。

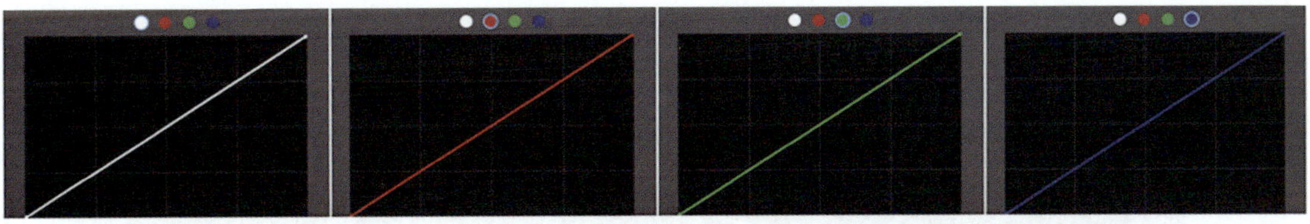

图 5－3－10 RGB 曲线

Premiere 的 RGB 曲线的使用方法和 Photoshop 中的一样，熟悉 Photoshop 的学生可参考学习。

首先观察亮度曲线，整个曲线大致分为高光、中间调、阴影三个区域，如图 5－3－11 所示。

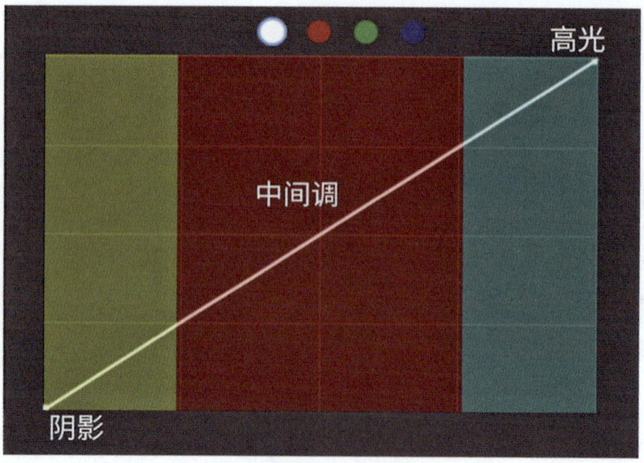

图 5-3-11 亮度曲线

单击亮度曲线的高光区和阴影区，添加两个控制点，然后向上拉高光区的曲线，向下拉阴影区的曲线，使其呈“S”形，可使画面的亮部更亮，暗部更暗，增加了画面的对比度，如图 5-3-12 所示。

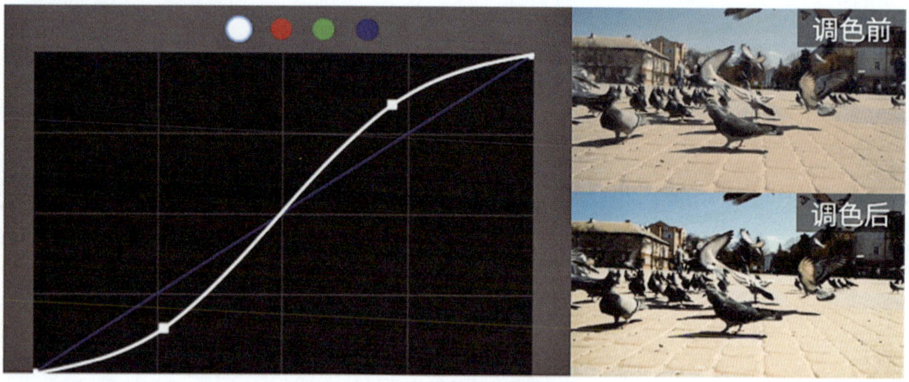

图 5-3-12 高光区与阴影区调整效果对比

若要删除控制点，按住“Ctrl”键单击控制点即可。在控制点上双击可以删除所有控制点。

在亮度曲线的中间添加一个控制点，然后向上拉，可使画面整体变亮；向下拉曲线可使画面整体变暗，如图 5-3-13 所示。

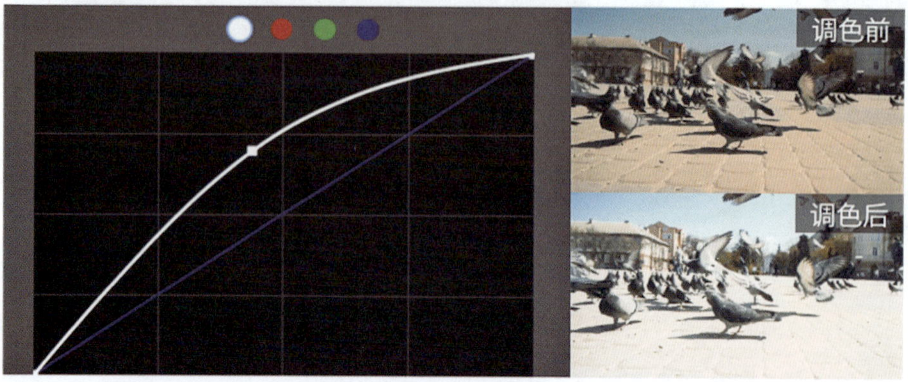

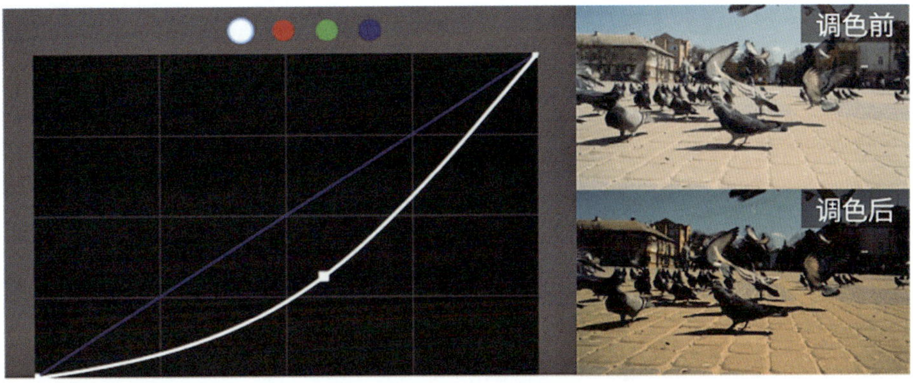

图 5-3-13　中间调区域调整效果对比

若要局部控制画面的亮度，例如只调节画面中最亮的部分，使其不要过于“死白”，可通过加点锁定曲线实现，如图 5-3-14 所示。

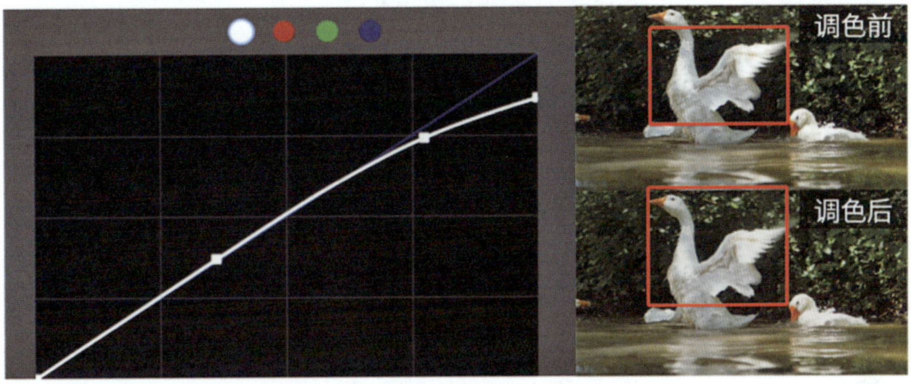

图 5-3-14　局部调整亮度效果对比

与白色曲线类似，红（R）、绿（G）、蓝（B）曲线用于对画面“高光”“中间调”“阴影”区域的相应颜色进行调整。例如，在中心区域分别向上拉这三种颜色的曲线，即可实现相应的色彩偏移效果，如图 5-3-15 所示。

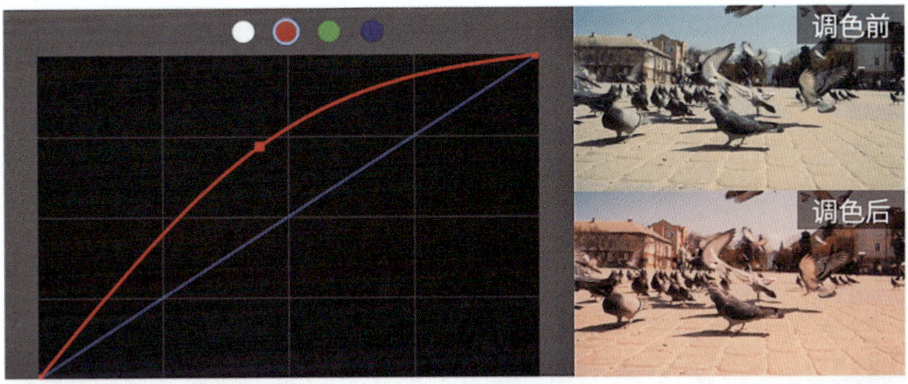

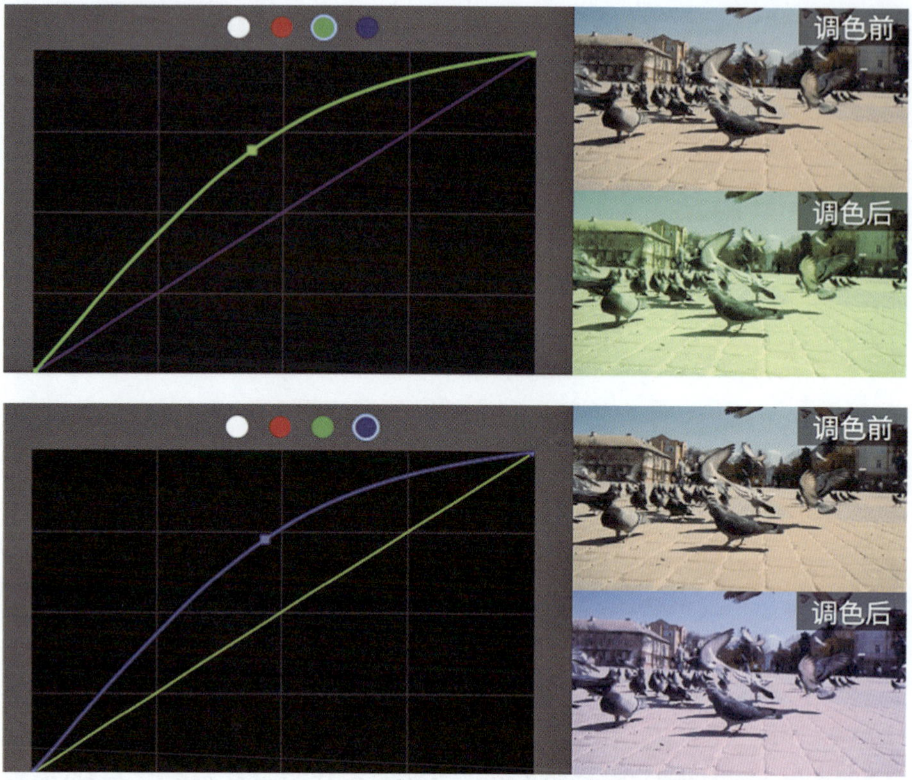

图 5-3-15　R、G、B 颜色曲线色彩偏移效果对比

（二）色相饱和度曲线

色相饱和度曲线是二级调色流程中非常重要的工具，可用于精细调节各种颜色的饱和度，使画面色彩更具个性。色相饱和度曲线中包含多种类型的调整曲线，如色相与饱和度曲线、色相与色相曲线、色相与亮度曲线，它们的使用方法相似，下面以色相与饱和度曲线为例讲解。

色相与饱和度曲线可以理解为一条展开的色轮，所有颜色都会在这条线上一一对应，如图 5-3-16 所示。

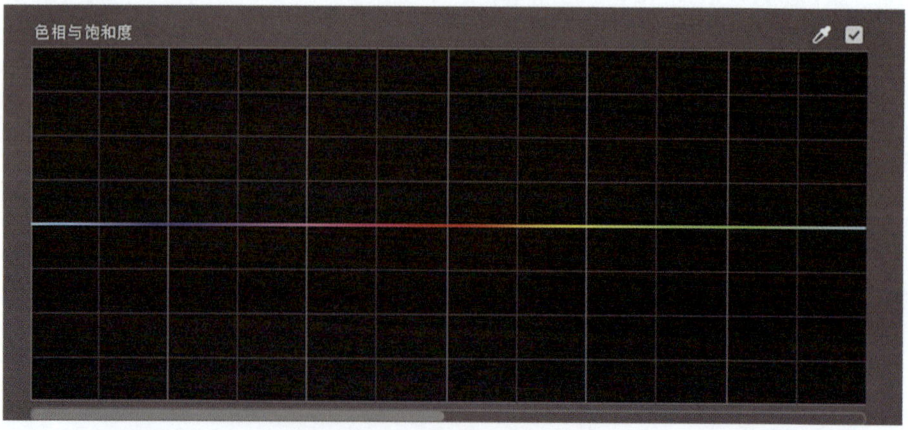

图 5-3-16　色相与饱和度曲线

如图 5－3－17 所示，画面中有一条橘红色的鱼，如果想降低鱼的颜色饱和度，而不影响其他颜色，可先用“吸管工具”从鱼身上提取颜色，生成的曲线上会自动打 3 个控制点，这就是这条鱼的颜色范围。向下拉中间的控制点，鱼的颜色饱和度就会降低，如图 5－3－18 所示。该曲线即为色相与饱和度曲线，可以通过其调整相应色相的饱和度。

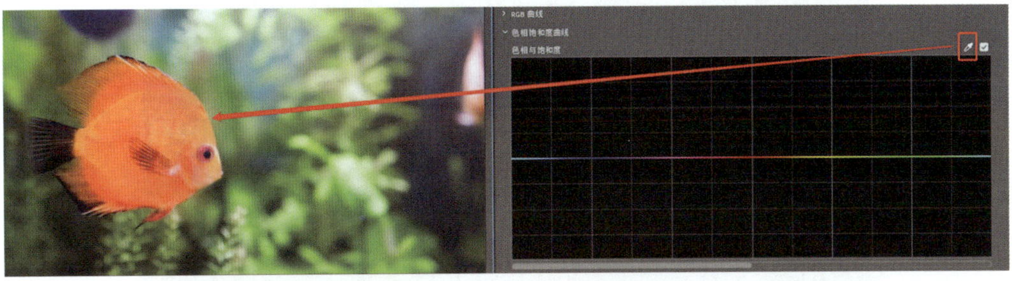

图 5－3－17　提取颜色

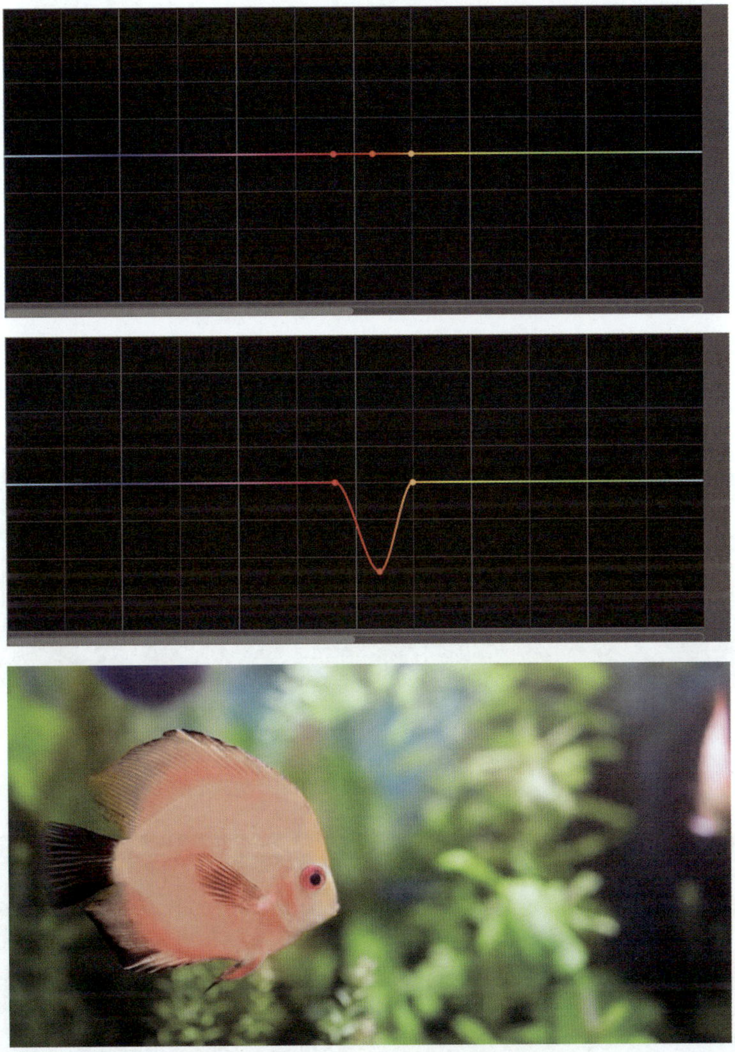

图 5－3－18　鱼的颜色饱和度降低

同理，向上拉中间的控制点，鱼的颜色饱和度会提升，如图 5 - 3 - 19 所示。

图 5 - 3 - 19　鱼的颜色饱和度提升

其他类型的曲线都是通过选取曲线上特定的颜色区域来实现参数的调整。如图 5 - 3 - 20 所示的色相与色相曲线，便是通过选择特定的颜色区域来修改色相。

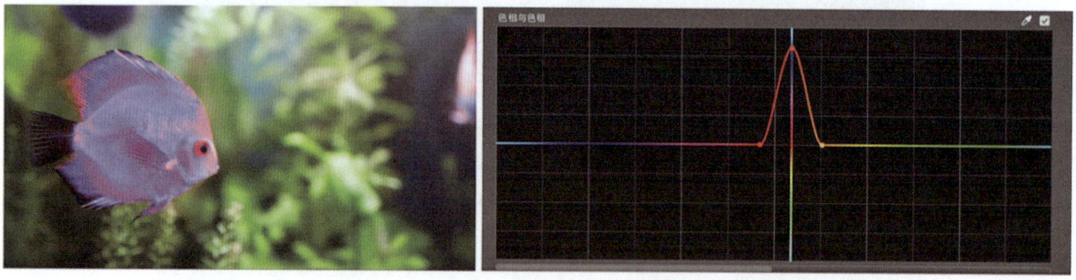

图 5 - 3 - 20　色相与色相曲线

如图 5 - 3 - 21 所示的色相与亮度曲线是通过选择特定的颜色区域来修改亮度。

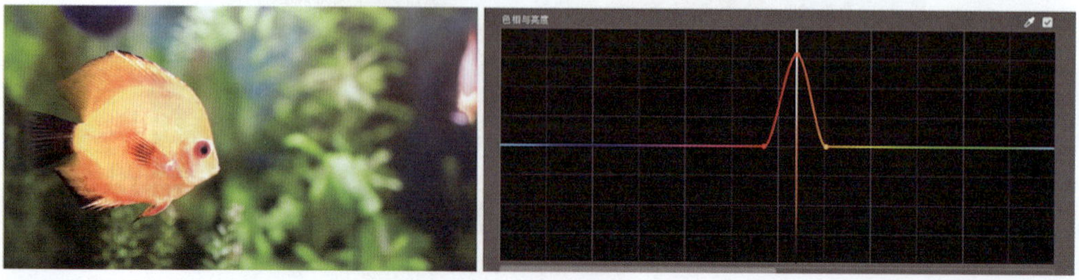

图 5 - 3 - 21　色相与亮度曲线

如图 5－3－22 所示的亮度与饱和度曲线是通过选择特定的亮度区域来修改亮度。

图 5－3－22　亮度与饱和度曲线

如图 5－3－23 所示的饱和度与饱和度曲线是通过选择特定的饱和度区域来修改饱和度。

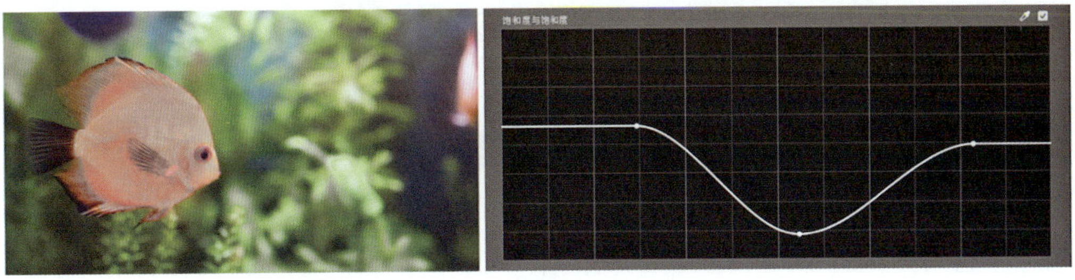

图 5－3－23　饱和度与饱和度曲线

三、色轮和匹配

（一）色轮

色轮是二级调色（风格化调色）环节的主要调整单元，主要用于在视频画面的阴影、中间调、高光区域分别加入一种颜色。“色轮和匹配”面板包含 3 个色轮，每个色轮旁设有一个调节滑块，用于调节各部分的明暗程度，如图 5－3－24 所示。

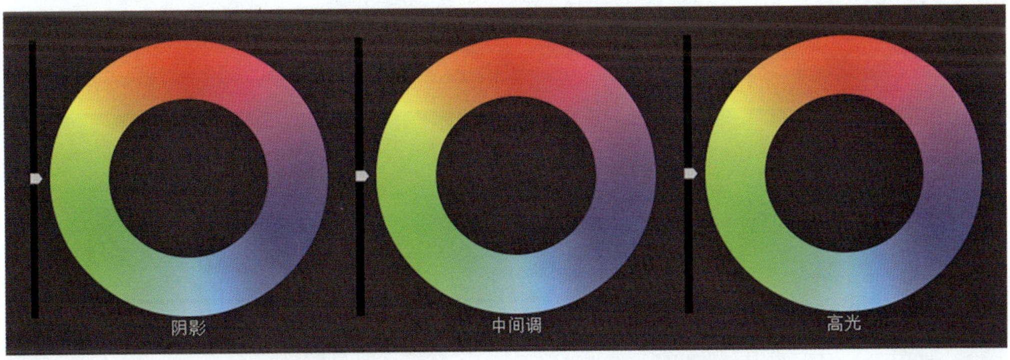

图 5－3－24　色轮

例如，在中间调区域加入橙色，在阴影区域加入蓝色，可形成橙色与蓝色的互补色，调色效果对比如图 5－3－25 所示。

图 5-3-25　调色效果对比

此外，还可以通过调节滑块将画面的某一区域（阴影、中间调、高光）直接提亮。例如，将画面的高光区域的细节大幅度拉高，会使高光区域变得更亮，调色效果对比如图 5-3-26 所示。

图 5-3-26　调色效果对比

(二) 匹配

匹配功能可以使不同视频之间的颜色自动匹配，如图 5－3－27 所示。

图 5－3－27 自动颜色匹配效果对比

第 1 步：单击“比较视图”按钮，“节目”面板会显示当前对象和参考对象。例如，让“海鸟”视频匹配“蜗牛”视频，“海鸟”便是当前对象，“蜗牛”为参考对象，如图 5－3－28 所示。

图 5－3－28　比较视图

第 2 步：单击“应用匹配”按钮，“海鸟”的颜色便会自动匹配“蜗牛”，如图 5－3－29 所示。

图 5－3－29　应用匹配

四、HSL 辅助

HSL 辅助功能用于调整画面中的特定颜色，而不是调整整个画面。该功能是二级调色环节中对画面色彩的修改最为主观且修改幅度最大的。下面利用 HSL 辅助功能对天空进行局部调色，最终效果对比如图 5－3－30 所示。

图 5－3－30　HSL 辅助功能应用效果对比

第 1 步：因为要调节天空的颜色（蓝色），所以先选取蓝色，然后勾选“彩色 / 灰色”，如图 5－3－31 所示，天空颜色以外的部分都变为灰色。

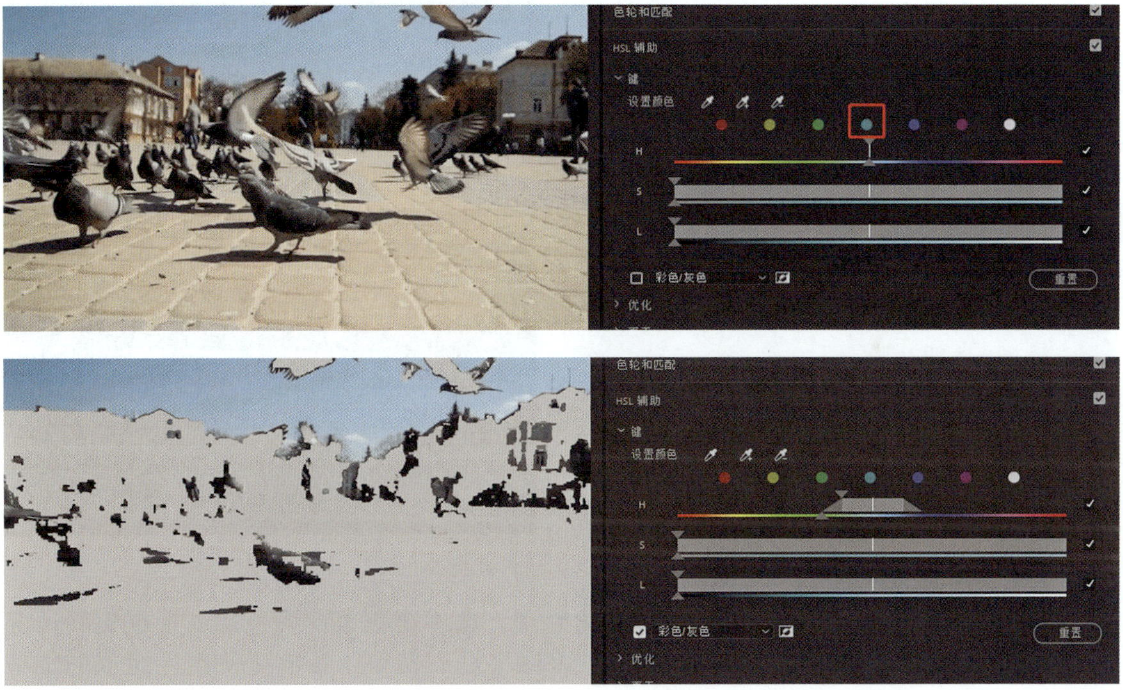

图 5－3－31　选取天空颜色

也可以用“吸管工具”进行颜色选取。用第一个“吸管工具”单击想选取的颜色，如单击天空，则天空颜色以外的部分都变为灰色，如图 5－3－32 所示。

此时天空的颜色并没有完全被选中，可以用第二个“吸管工具”加选颜色，也可以用第三个“吸管工具”减选颜色。配合使用 3 个吸管工具，最终完成天空的选取，如图 5－3－33 所示。

图 5-3-32　用“吸管工具”选取颜色

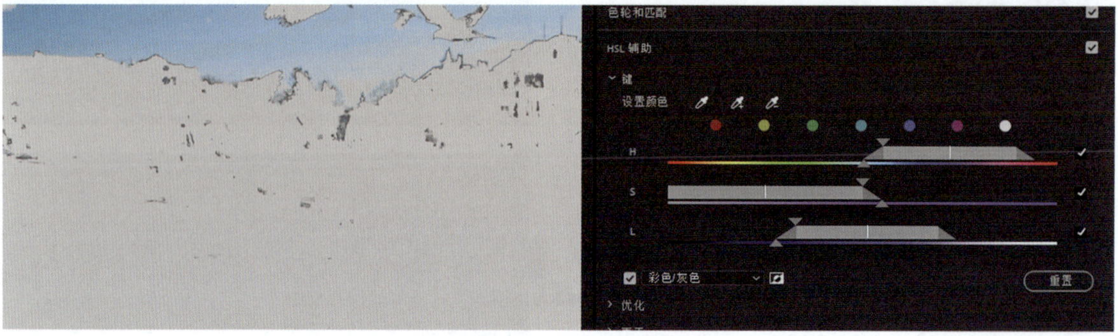

图 5-3-33　加选、减选颜色

第 2 步：对选区（灰色部分）进行优化处理。选中要更改的颜色后，根据实际情况进一步细化颜色遮罩（灰色部分）。调整“降噪”和“模糊”参数可使颜色遮罩的细节与边缘更符合上色需求，避免调色后画面的色彩不自然。优化效果对比如图 5-3-34 所示。

图 5-3-34　优化效果对比

- “降噪”：减少颜色遮罩对噪点的覆盖。
- “模糊”：提高模糊值能使颜色遮罩的边缘更加柔和。

第 3 步：“更正”是 HSL 辅助色彩调节的重要功能，可以通过一个色轮为选中区域单独添加一种颜色，色轮左侧的滑块用于调整明暗程度，如图 5-3-35 所示。

图 5-3-35　“更正”面板

如果希望调色更精细，可以切换至三色轮模式，单独修改选中区域的阴影、中间调、高光，如图 5-3-36 所示。

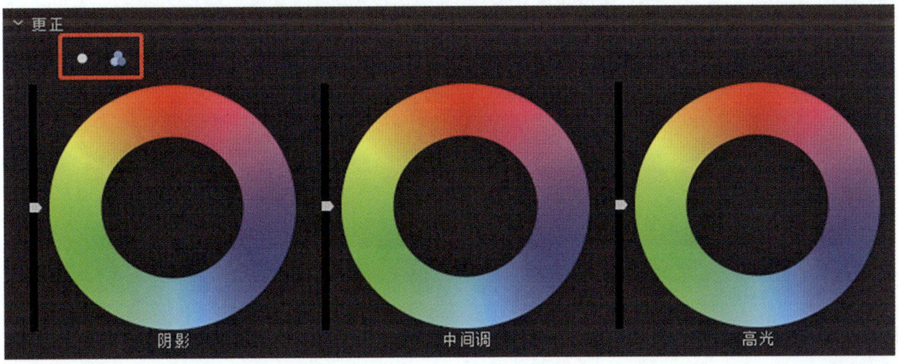

图 5-3-36　三色轮模式

此外，还可以在“更正”面板中调节选中区域画面的基础参数，如色温、色彩、对比度等，如图 5-3-37 所示。

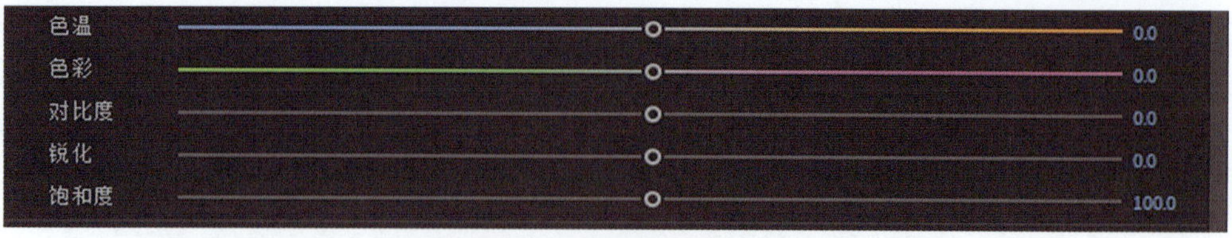

图 5－3－37　基础参数

综上，可以采用三种方法使选中的天空变得更蓝：一种是通过色轮在画面上添加蓝色；另一种是调节色温，使颜色偏蓝；最后一种是直接调高饱和度，如图 5－3－38 所示。

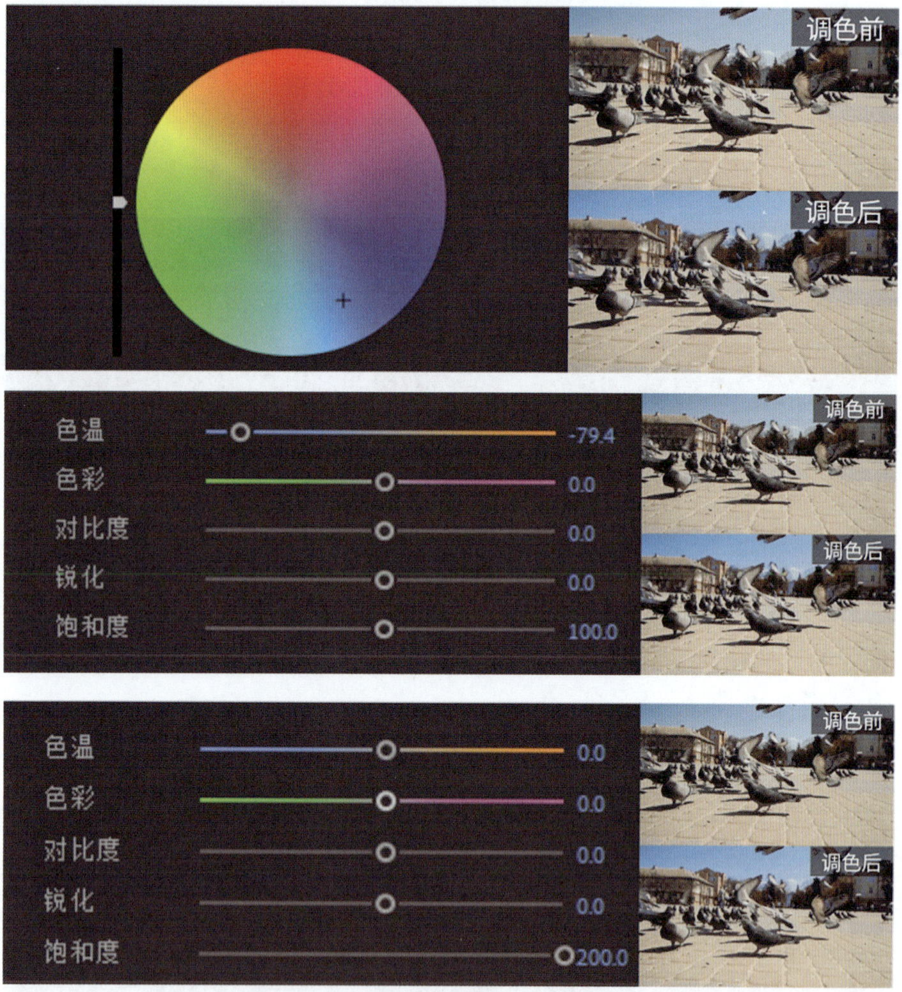

图 5－3－38　三种调色方法效果对比

五、晕影

可以通过“晕影”面板在画面的四角添加晕影效果，如图 5－3－39 所示。

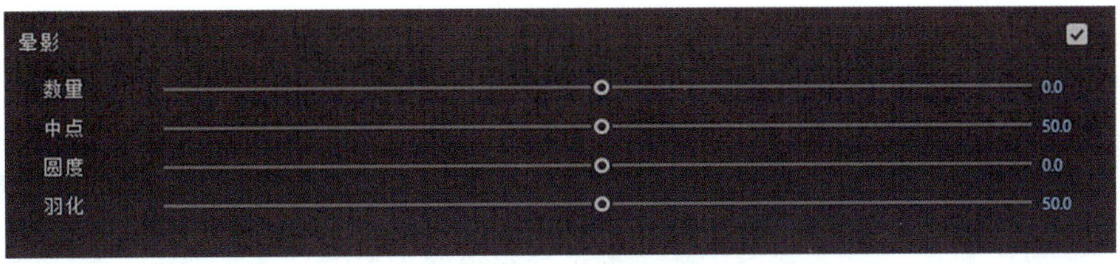

图 5-3-39 “晕影”面板

- 数量：数值为正数时，晕影为白色；数值为负数时，晕影为黑色，如图 5-3-40 所示。

图 5-3-40 晕影效果对比——数量

- 中点：数值越大，晕影向中心扩散得越少；数值越小，晕影向中心扩散得越多，如图 5-3-41 所示。

图 5-3-41 晕影效果对比——中点

- 圆度：数值越小，晕影边缘越接近矩形；数值为 100 时，晕影边缘形成圆形，如图 5-3-42 所示。

图 5-3-42 晕影效果对比——圆度

- 羽化：数值越小，晕影边缘的柔度越小，即边缘清晰可见；数值越大，晕影边缘的柔度越大，从晕影向画面的过渡越自然，如图 5－3－43 所示。

图 5－3－43　晕影效果对比——羽化

实操练习

橙青色调视频调色练习。

调色工具的应用

视频橙青色调调色练习

6 项目六　视频过渡

知识目标

- 了解不同类型的视频过渡效果。
- 掌握视频过渡参数的调整方法。
- 理解视频过渡效果与素材的匹配方式。
- 掌握视频过渡的节奏感。
- 了解视频过渡与剪辑的关系。

能力目标

- 掌握为视频添加与修改过渡的方法。
- 能够运用创意实现个性化过渡。

素质目标

- 提升审美能力和创造力，制作更多传播正能量的视频。

视频过渡（转场）是指在视频剪辑过程中，将两个不同的视频片段进行衔接，使整个视频看起来更加流畅和自然。视频过渡可以加强视频的视觉冲击力，提升整体观感。

视频过渡的主要方式有淡入、淡出、滑动、百叶窗、散状、翻转、飞入、飞出等。不同的过渡方式可以产生不同的视觉效果和节奏感，从而更好地引导观众的情感和注意力。

任务一 添加与编辑视频过渡

知识链接

在 Premiere 中，通常将过渡效果添加在两段视频中间，即由上一段视频的末尾过渡到下一段视频的开头，如图 6－1－1 所示。

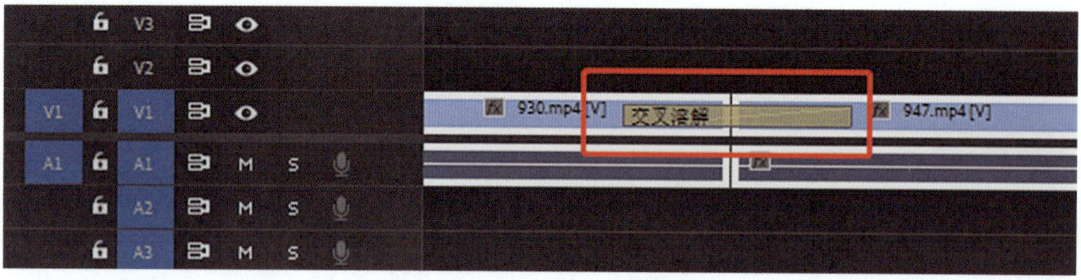

图 6－1－1　添加过渡效果

一、添加过渡效果

添加过渡效果的方式有两种：一种是添加双面过渡效果，另一种是添加单面过渡效果。将过渡效果拖曳到“时间轴”面板中两个图像之间，即可完成双面过渡效果的添加，如图 6－1－2 所示。

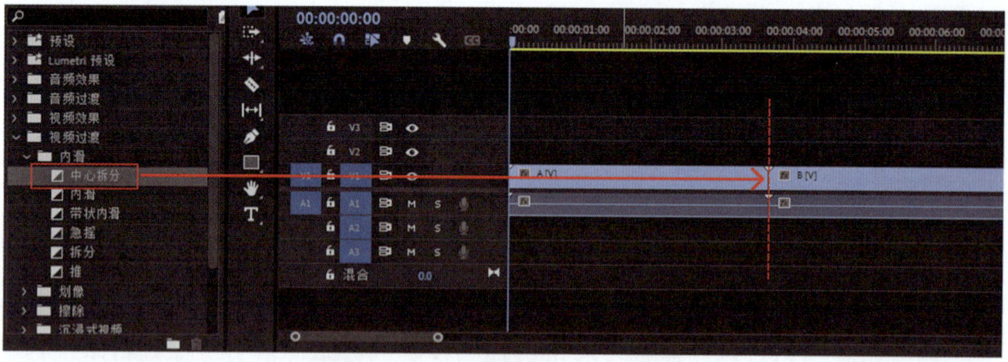

图 6－1－2　添加双面过渡效果

提示：要在两段素材之间添加过渡效果，则这两段素材必须在同一轨道上，并且没有间隔，如图 6－1－3 所示。

添加过渡效果时，如果视频包含的帧不足，系统会警告“媒体不足。此过渡将包含重复的帧”。“时间轴”面板中，此类过渡会带有贯穿整个过渡条的警告底纹，如图 6－1－4 所示。

单面过渡效果仅适用于单个视频。将过渡效果拖曳到单个视频的首端或尾端，即可完成单面过渡效果的添加，如图 6－1－5 所示。

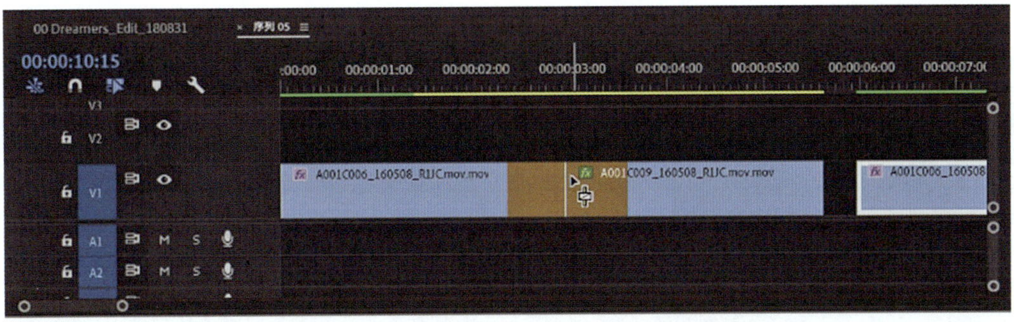

图 6－1－3　在两段素材之间添加过渡效果

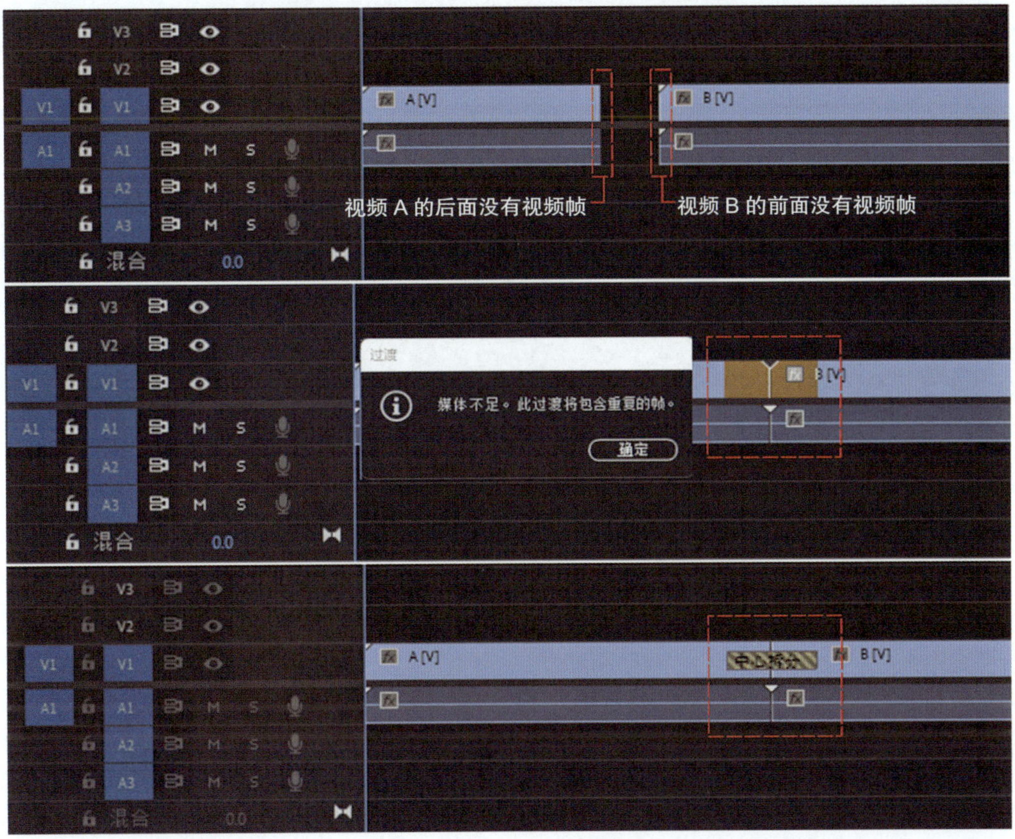

图 6－1－4　媒体不足

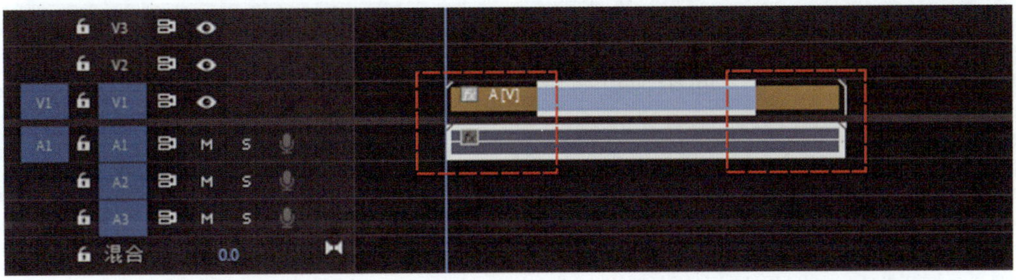

图 6－1－5　添加单面过渡效果

在“时间轴”面板或“效果控件”面板中，双面过渡效果带有一条对角线，而单面过渡效果则被对角线分成一半深色一半浅色，如图 6－1－6 所示。

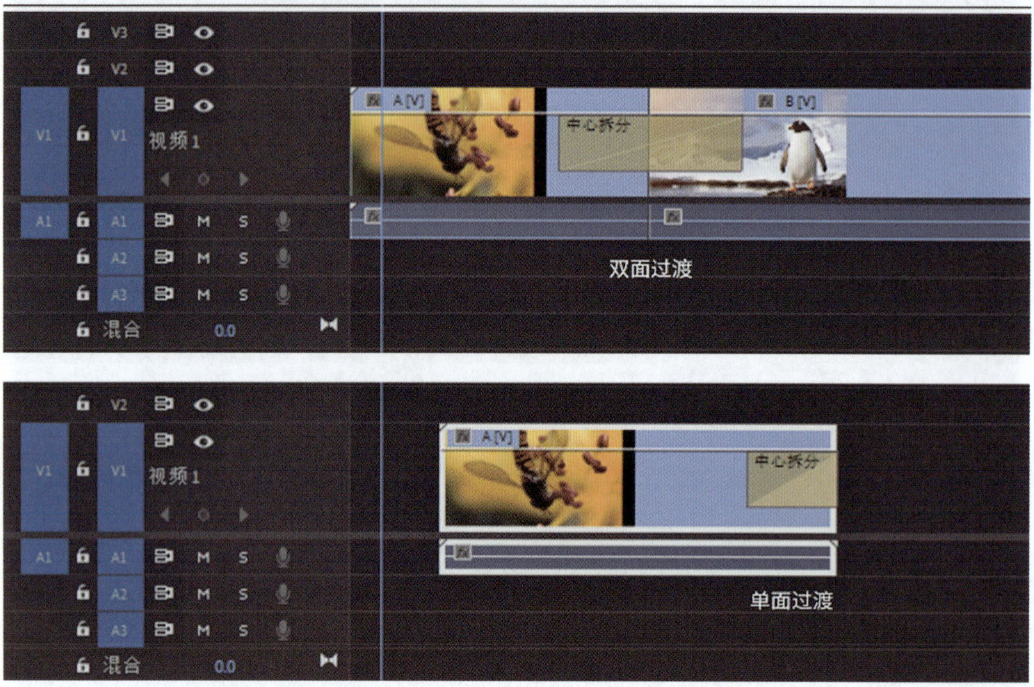

图 6－1－6　双面过渡效果和单面过渡效果

二、复制和粘贴过渡效果

可以复制序列中的任何过渡效果，然后将其粘贴至同类型轨道的任意剪切线上。选择序列中的过渡效果，执行“编辑→复制”命令（或按快捷键“ Ctrl+C”）进行复制。

（1）要将过渡效果粘贴到单个剪辑：将当前时间指示器移至要粘贴过渡效果的剪切线上，执行“编辑→粘贴”命令（或按快捷键“Ctrl+V”）即可。

（2）要将过渡效果粘贴到多个剪辑：按住“ Ctrl”键，使用“选择工具”通过框选方式（或按住“ Shift”键）选中序列中的多个编辑点，执行“编辑→粘贴”命令（或按快捷键“Ctrl+V”）即可，如图 6－1－7 所示。

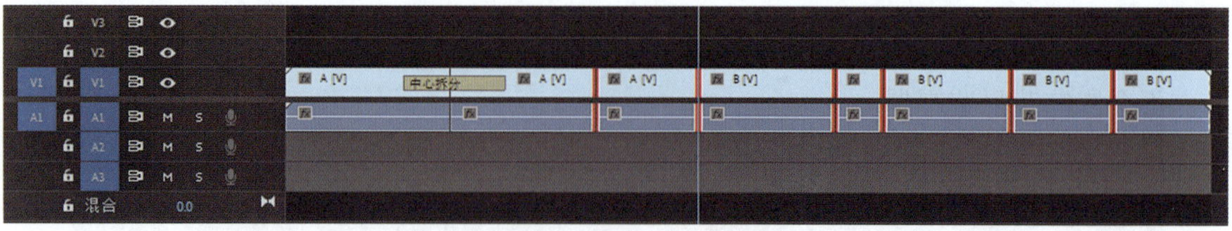

图 6－1－7　粘贴过渡效果

提示：视频过渡效果粘贴至视频轨道；音频过渡效果粘贴至音频轨道。

三、替换过渡效果

要替换某个过渡效果，可以从“效果”面板中将新的视频或音频过渡效果拖曳至序列中现有的过渡效果上。替换过渡效果时，将保留对齐方式和持续时间。注意，该操作将会丢弃旧过渡效果的设置，并将其替换为新过渡效果的默认设置。

四、修改和自定义过渡效果

在“时间轴”面板中单击过渡效果，可以在“效果控件”面板中修改其设置，如图 6－1－8 所示。

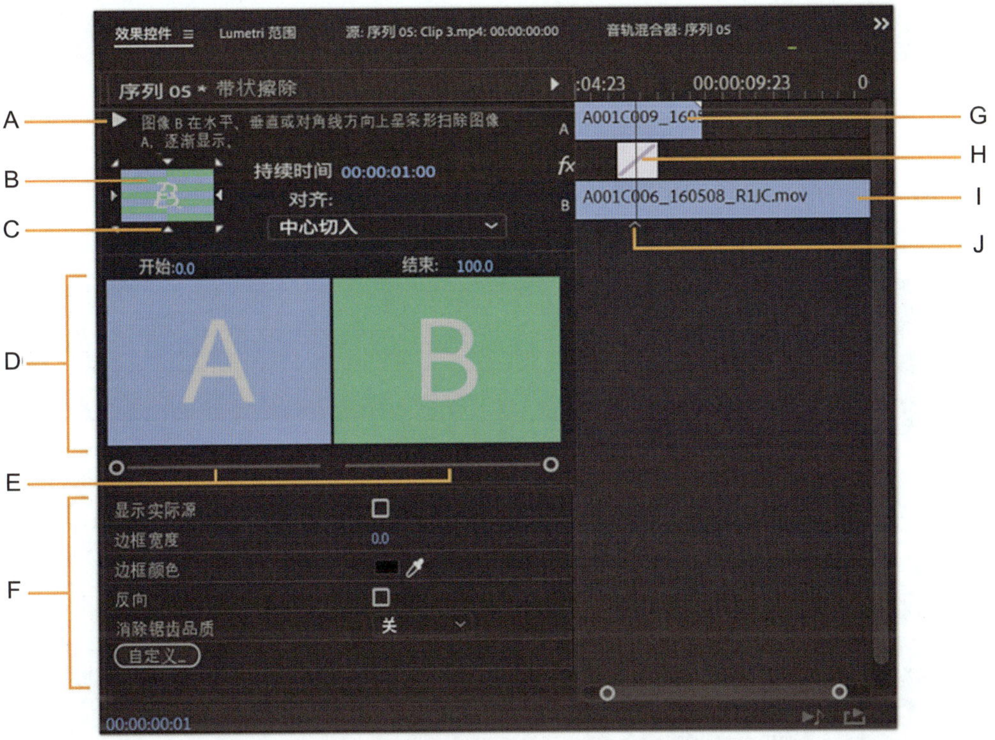

图 6－1－8　修改过渡效果的设置

A—“播放过渡效果”按钮；B—过渡效果预览；C—边缘选择器；D—剪辑预览；E—起点和终点滑块；F—过渡效果设置；G—剪辑 A（第 1 个剪辑）；H—过渡；I—剪辑 B（第 2 个剪辑）；J—当前时间指示器

（1）要在“效果控件”面板中打开过渡效果，在“时间轴”面板中单击过渡效果即可。

（2）要在“效果控件”面板中预览过渡效果，单击“播放过渡效果”按钮即可。该操作不会影响节目监视器。

（3）要查看实际剪辑图像，勾选“显示实际源”即可。

五、移动过渡效果的位置

移动过渡效果的位置有两种方式：一种是在“时间轴”面板中移动，另一种是在“效果控件”面板中移动。

（一）在“时间轴”面板移动过渡效果

（1）在“时间轴”面板中放大过渡效果以查看其确切位置。

（2）在剪切线上拖动过渡效果以调整其位置，如图 6－1－9 所示。

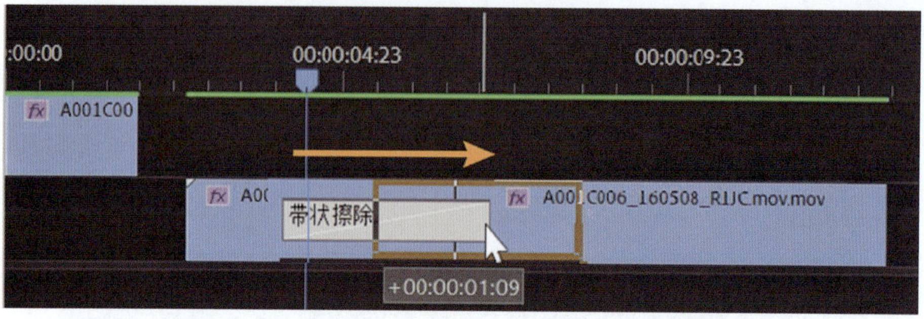

图 6－1－9　在“时间轴”面板移动过渡效果

（二）在“效果控件”面板移动过渡效果

（1）在“时间轴”面板中单击该过渡效果。

（2）在“对齐”下拉列表中快速选择过渡效果的位置，如图 6－1－10 所示。

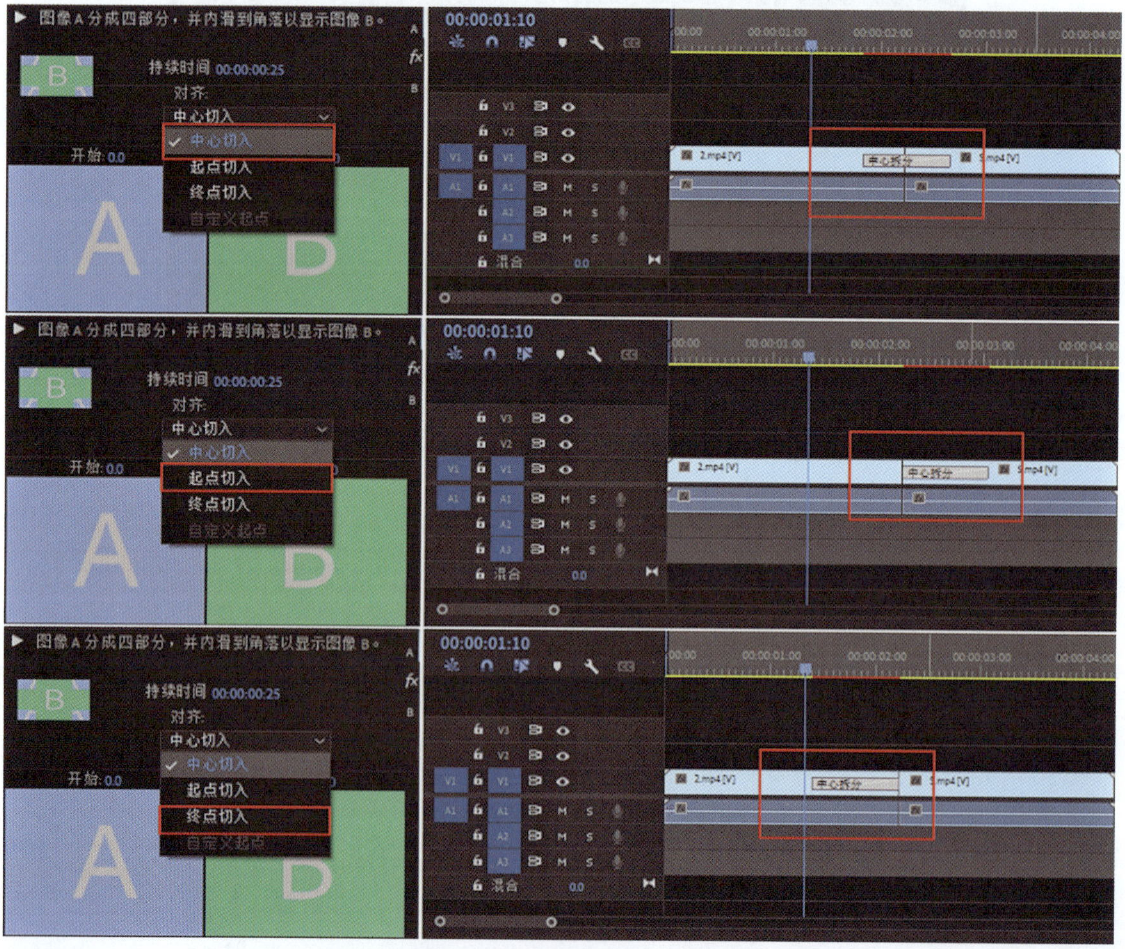

图 6－1－10　在“效果控件”面板移动过渡效果

（3）在“效果控件”面板的时间标尺上，将指针放置在过渡效果中心，直到显示“滑动过渡”图标为止，然后根据需要拖动过渡效果。可以放大时间标尺进一步微调，如图 6－1－11 所示。

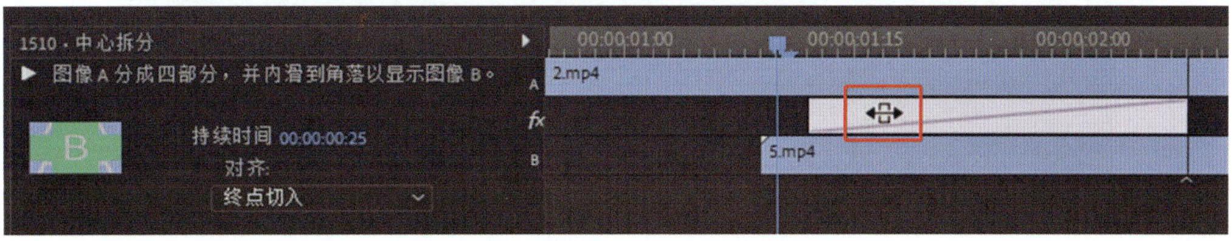

图 6－1－11　放大时间标尺

六、更改过渡效果持续时间

可以在“时间轴”面板或“效果控件”面板中编辑过渡效果的持续时间，默认持续时间为 1 秒。

（一）在“时间轴”面板中更改过渡效果持续时间

在“时间轴”面板中更改过渡效果持续时间可执行以下操作之一：

（1）在“时间轴”面板中，将指针放置在过渡效果终点的上方，直到显示“修剪入点”图标或“修剪出点”图标为止，然后进行拖动，如图 6－1－12 所示。

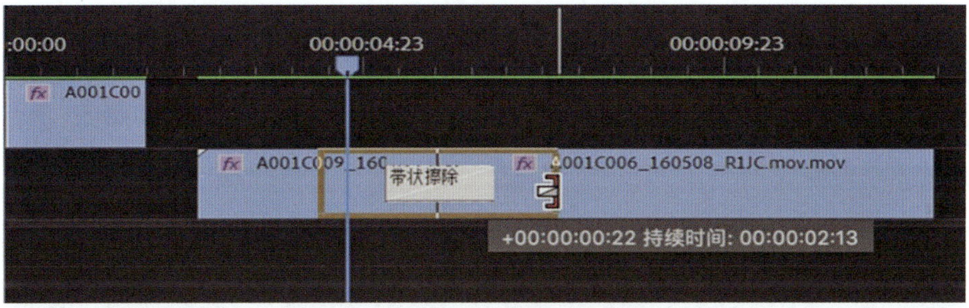

图 6－1－12　拖动过渡效果

（2）在时间轴上双击过渡效果，打开“设置过渡持续时间”对话框，拖动持续时间值，或将其选中并键入新值，单击“确定”按钮，如图 6－1－13 所示。

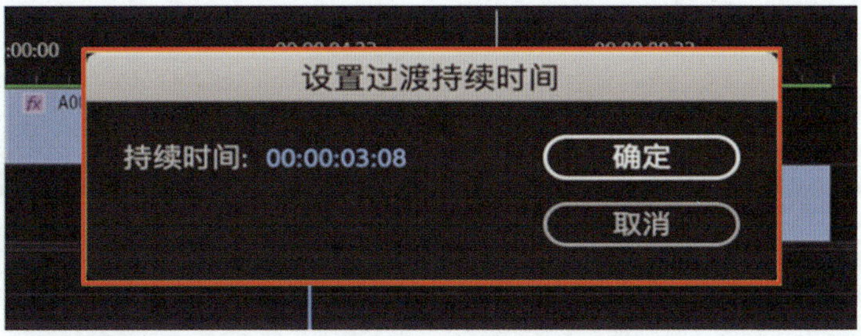

图 6－1－13　设置过渡持续时间

（二）在“效果控件”面板中更改过渡效果持续时间

在“时间轴”面板中单击过渡效果，然后执行以下操作之一：

（1）在“效果控件”面板的时间标尺上，将指针放置在过渡效果上方，直到显示“修剪入点”图标或“修剪出点”图标为止，然后进行拖动，如图 6－1－14 所示。

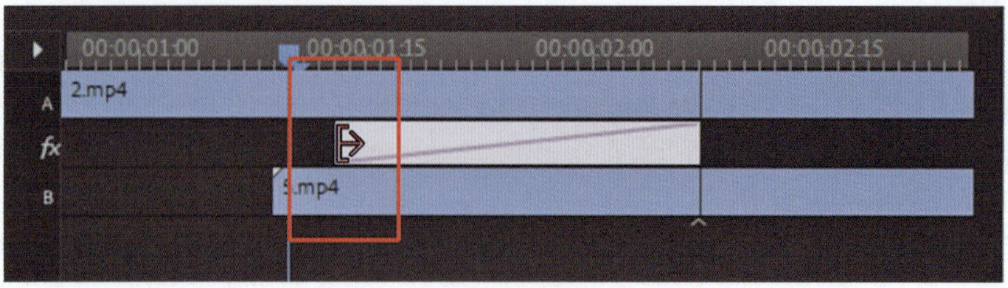

图 6－1－14　拖动过渡效果

（2）拖动持续时间值，或将其选中并键入新值，如图 6－1－15 所示。

图 6－1－15　拖动持续时间值

（三）设置过渡效果的默认持续时间

执行“编辑→首选项→时间轴”命令，设置“视频过渡默认持续时间”“音频过渡默认持续时间”“静止图像默认持续时间”的值，然后单击“确定”按钮，如图 6－1－16 所示。

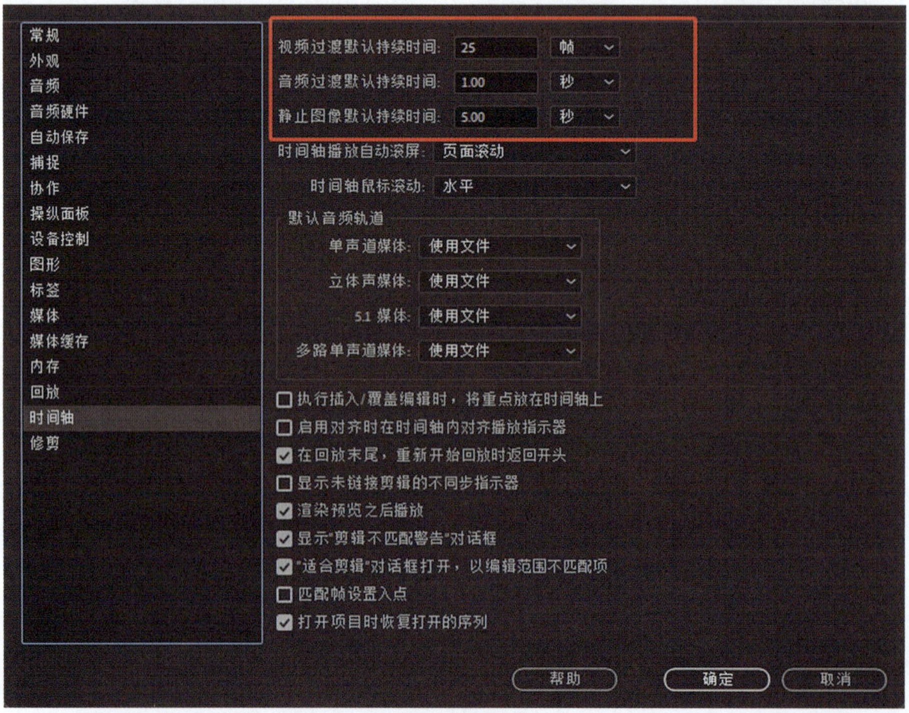

图 6－1－16　设置过渡效果的默认持续时间

七、更改过渡方向

在“效果控件”面板中单击“边缘选择器”上的箭头可以改变大部分过渡效果中素材插入的方向，如图 6－1－17 所示。

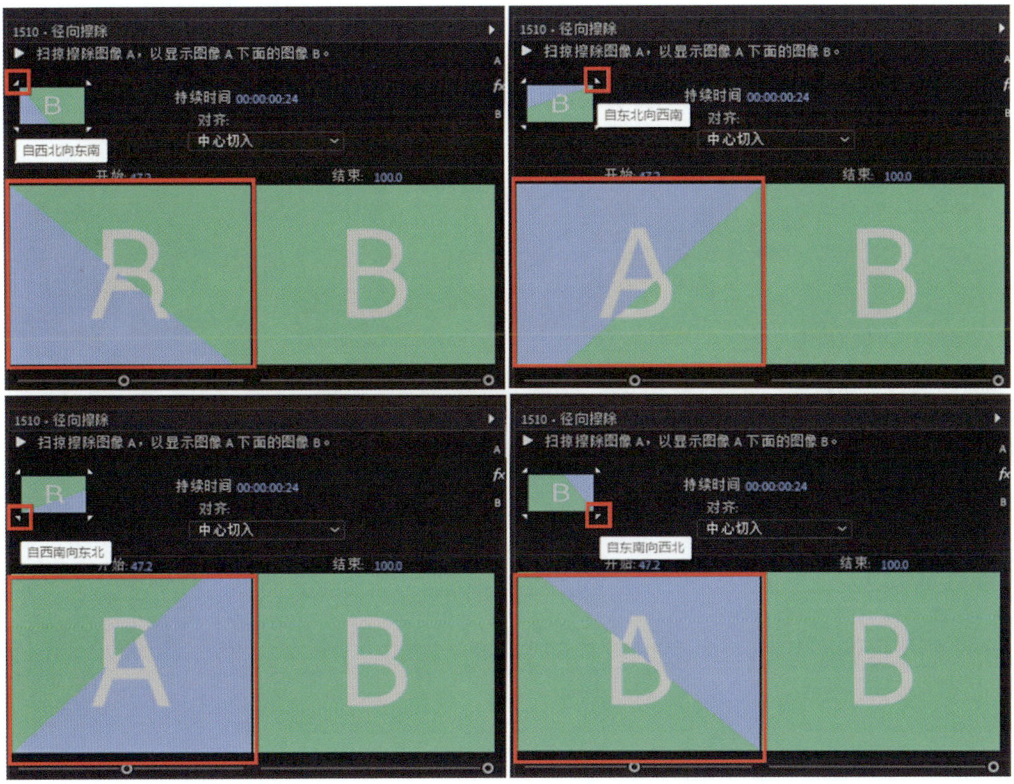

图 6－1－17　更改过渡方向

八、调整过渡效果中心的位置

有一些过渡效果（如“圆划像”）位于中心。当过渡效果具有可以重新定位的中心时，可以拖动小圆圈控件调整过渡效果中心的位置，如图 6－1－18 所示。

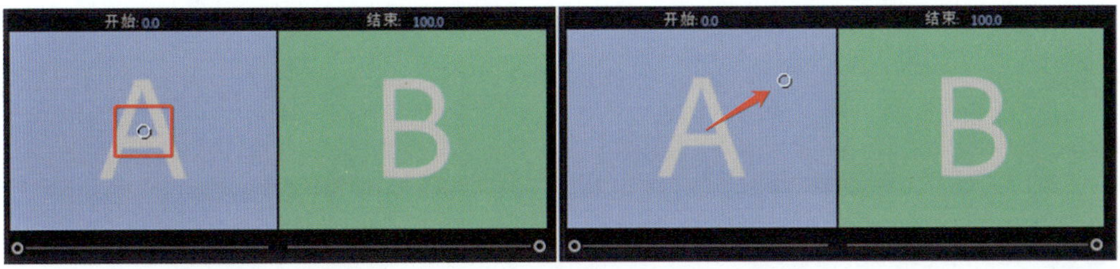

图 6－1－18　调整过渡效果中心的位置

九、其他过渡效果的设置

- 起点和终点滑块：设置过渡效果在起点和终点完成的百分比。按住“Shift”键可将起点和终点滑块移动到一起。

- 显示实际源：显示剪辑的起始帧和结束帧。
- 边框宽度：调整过渡效果上可选边框的宽度，如图 6－1－19 所示。默认为无边框，还有些过渡效果没有边框。
- 边框颜色：指定过渡效果边框的颜色。可通过双击色板或“吸管工具”选取颜色。
- 反向：倒放过渡效果。如“时钟式擦除”过渡效果将按逆时针方向播放。
- 消除锯齿品质：调整过渡效果边缘的平滑度。
- 自定义：更改过渡效果特有的设置。多数过渡效果不支持自定义设置。

图 6－1－19　边框宽度设置

实操练习

在网上寻找视频片段，分析其过渡效果的特点和应用场景，然后尝试实现相同的过渡效果。

任务二 视频过渡的应用与分类

知识链接

Premiere 提供了多种视频过渡效果，包括“内滑”“划像”“擦除”“沉浸式视频”“溶解”“缩放”“过时”“页面剥落”八类，这些过渡效果可以在“效果”面板的“视频过渡”组找到，如图 6-2-1 所示。

图 6-2-1 视频过渡效果

一、擦除

“擦除”效果组可以让两段视频以逐渐擦除的方式过渡，包含“划出”“双侧平推门”“带状擦除”“径向擦除”“插入”“时钟式擦除”“棋盘”“棋盘擦除”“楔形擦除”“水波块”“油漆飞溅”“百叶窗”“螺旋框”“随机块”“随机擦除”“风车”16 种效果，如图 6-2-2 所示。

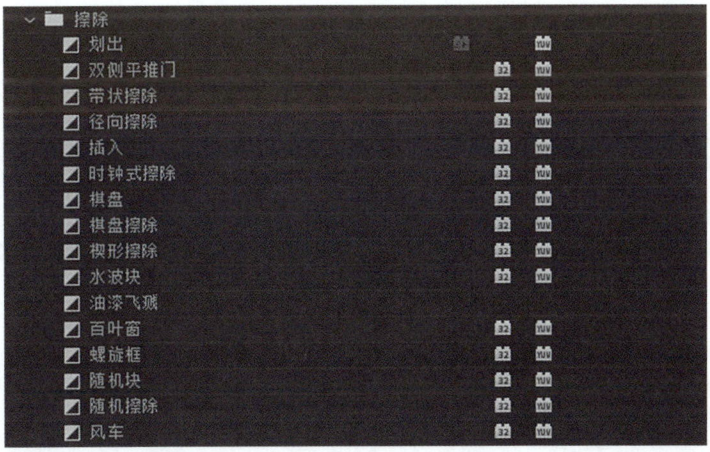

图 6-2-2 “擦除”效果组

（一）划出

该效果可将视频 A 从左向右逐渐擦除，以显示视频 A 下面的视频 B，如图 6-2-3 所示。

图 6－2－3　划出

（二）双侧平推门

该效果可将视频 A 从中间向两边擦除，以显示视频 A 下面的视频 B，如图 6－2－4 所示。

图 6－2－4　双侧平推门

（三）带状擦除

该效果将视频 A 分割为平行的带状，从两边向中间擦除，以显示视频 A 下面的视频 B，如图 6－2－5 所示。

图 6－2－5　带状擦除

（四）径向擦除

该效果通过扫掠方式擦除视频 A，以显示视频 A 下面的视频 B，如图 6－2－6 所示。

图 6－2－6　径向擦除

（五）插入

该效果通过插入方式擦除视频 A，以显示视频 A 下面的视频 B，如图 6－2－7 所示。

图 6－2－7　插入

（六）时钟式擦除

该效果通过时钟指针旋转的方式擦除视频 A，以显示视频 A 下面的视频 B，如图 6-2-8 所示。

图 6-2-8 时钟式擦除

（七）棋盘

该效果以棋盘格的样式擦除（从上到下）视频 A，以显示视频 A 下面的视频 B，如图 6-2-9 所示。

图 6-2-9 棋盘

（八）棋盘擦除

该效果以棋盘格的样式擦除（从左到右）视频 A，以显示视频 A 下面的视频 B，如图 6-2-10 所示。

图 6-2-10 棋盘擦除

（九）楔形擦除

该效果以楔形样式擦除视频 A，以显示视频 A 下面的视频 B，如图 6-2-11 所示。

图 6-2-11 楔形擦除

（十）水波块

该效果通过逐行来回擦除方式擦除视频 A，以显示视频 A 下面的视频 B，如图 6－2－12 所示。

图 6－2－12　水波块

（十一）油漆飞溅

该效果通过油漆飞溅的方式擦除视频 A，以显示视频 A 下面的视频 B，如图 6－2－13 所示。

图 6－2－13　油漆飞溅

（十二）百叶窗

该效果以百叶窗的样式擦除视频 A，以显示视频 A 下面的视频 B，如图 6－2－14 所示。

图 6－2－14　百叶窗

（十三）螺旋框

该效果以螺旋框的样式擦除视频 A，以显示视频 A 下面的视频 B，如图 6－2－15 所示。

图 6－2－15　螺旋框

（十四）随机块

该效果以随机块的样式擦除视频 A，以显示视频 A 下面的视频 B，如图 6－2－16 所示。

图 6-2-16 随机块

（十五）随机擦除

该效果通过随机出现小方块的方式擦除视频 A，以显示视频 A 下面的视频 B，如图 6-2-17 所示。

图 6-2-17 随机擦除

（十六）风车

该效果以风车的样式擦除视频 A，以显示视频 A 下面的视频 B，如图 6-2-18 所示。

图 6-2-18 风车

二、溶解

“溶解”效果组可以让两段视频以类似于溶解的方式自然过渡，适合表现平缓的过渡，包含“MorphCut”“交叉溶解”“叠加溶解”“白场过渡”“胶片溶解”“非叠加溶解”“黑场过渡”7 种效果，如图 6-2-19 所示。

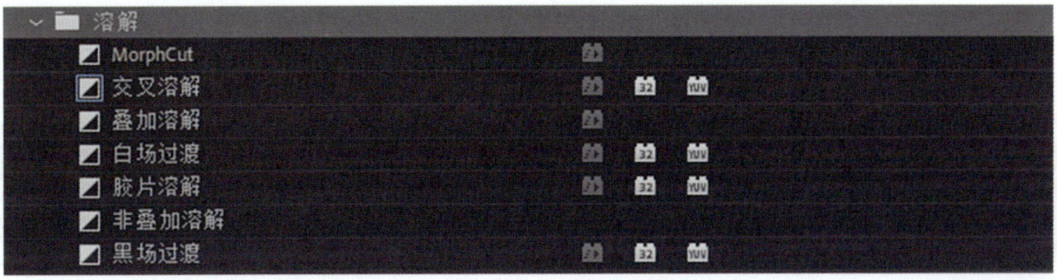

图 6-2-19 “溶解”效果组

（一）MorphCut

MorphCut 效果主要用于修复访谈类视频，这类视频常出现的问题是拍摄对象说话可能会断断续续，或经常使用“嗯”“唔”或不需要的停顿。如果直接移除这些部分，会出现不连续和跳帧现象，应用 MorphCut 效果可以避免这些现象，使视频无缝过渡。

应用该效果后，后台会立即进行剪辑分析，节目监视器也会显示“在后台进行分析”提示信息，如图 6－2－20 所示。

图 6－2－20　应用 MorphCut 效果后，后台进行分析

注意： 要避免嘴唇同步问题，可在演说高峰的最后一个或第一个词语之间应用 MorphCut 效果。还可以借助音频波形识别自然停顿的区域并在该处进行剪切。

（二）交叉溶解

该效果可将视频 A 的结束部分和视频 B 的起始部分交叉叠化，从而实现过渡，如图 6－2－21 所示。

图 6－2－21　交叉溶解

提示： 交叉溶解为默认过渡效果，选择需要设置过渡的两段视频，按快捷键“Ctrl+D”，可以快速添加该效果。默认过渡效果会在“效果”面板中突出显示，如图 6－2－22 所示。

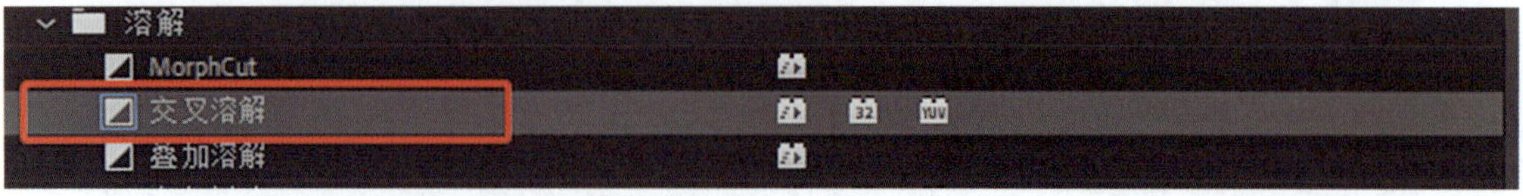

图 6－2－22　默认过渡效果

要更改默认过渡效果，在该效果上右击鼠标，选择“将所选过渡设置为默认过渡”即可，如图 6－2－23 所示。

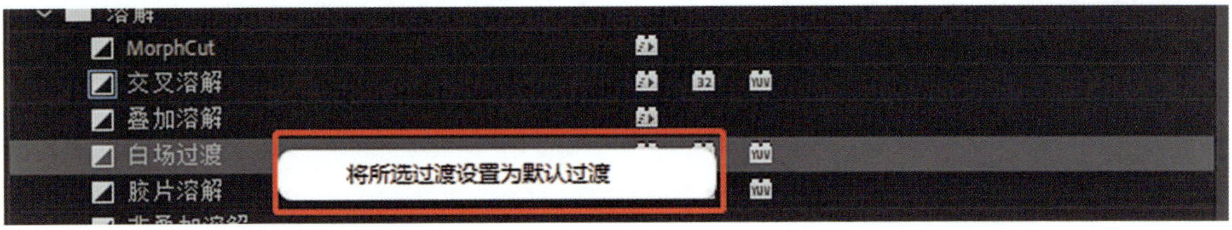

图 6－2－23　更改默认过渡效果

（三）叠加溶解

该效果可将视频 A 的结束部分与视频 B 的起始部分叠加，从而实现过渡，如图 6－2－24 所示。

图 6－2－24　叠加溶解

（四）白场过渡

该效果可将视频 A 逐渐变为白色，从而过渡到视频 B，如图 6－2－25 所示。

图 6－2－25　白场过渡

（五）胶片溶解

该效果通过降低不透明度的方式将视频 A 逐渐过渡到视频 B，如图 6－2－26 所示。

图 6－2－26　胶片溶解

（六）非叠加溶解

该效果可将视频 B 的亮部和视频 A 的暗部叠加，从而实现过渡，如图 6－2－27 所示。

图 6－2－27　非叠加溶解

（七）黑场过渡

该效果可将视频 A 逐渐变为黑色，从而过渡到视频 B，如图 6－2－28 所示。

图 6－2－28　黑场过渡

三、缩放

“缩放”效果组可以将两段视频以缩放的形式过渡，适用于快节奏、卡点类视频。此类效果只有“交叉缩放”一种，如图 6－2－29 所示。

图 6－2－29　“缩放”效果组

“交叉缩放”效果可将视频 A 逐渐放大，切换为视频 B 后再逐渐缩小，如图 6－2－30 所示。

图 6－2－30　交叉缩放

实操练习

使用 Premiere 提供的视频过渡效果制作影片开场动画。

视频过渡效果的应用

使用 Premiere 提供的视频过渡效果制作影片开场画面

7 项目七　视频效果

知识目标

- 理解视频效果的概念。
- 掌握应用和移除效果的方法。
- 掌握基础视频效果的制作方法。
- 掌握效果预设和自定义效果预设的方法。

能力目标

- 能够熟练设置各种视频效果的参数。
- 能够根据需要制作视觉效果。

素质目标

- 培养创新思维，提升审美能力。
- 培养严谨细致的工作作风，树立责任意识。

在视频制作过程中，可以通过添加不同的效果或应用技术改变视频的呈现效果，从而提升视频质量，增强视频感染力。Premiere 内置了多种视频效果，如过渡、滤镜、颜色调整等。Premiere 还支持第三方插件和脚本，方便用户扩展视频效果的功能。

制作视频效果时，需要考虑视频的主题、风格和受众，注意视频效果的合理性和适度性，避免因过度使用效果导致视频过于复杂或混乱。

任务一 认识视频效果

知识链接

一、视频效果简介

Premiere 提供了多种视频效果，合理利用视频效果可以改变素材曝光度和颜色、扭曲图像、增添艺术效果；可以动画化剪辑，或在帧内调整剪辑的大小和位置，通过设定值来控制效果的强度；可以在“效果控件”面板或“时间轴”面板中使用关键帧来动画化大多数效果。

二、视频效果应用方式

（一）将效果应用于剪辑

要将一个或多个效果应用于剪辑，直接将效果从“效果”面板拖至“时间轴”面板中的剪辑上即可，如图 7－1－1 所示。

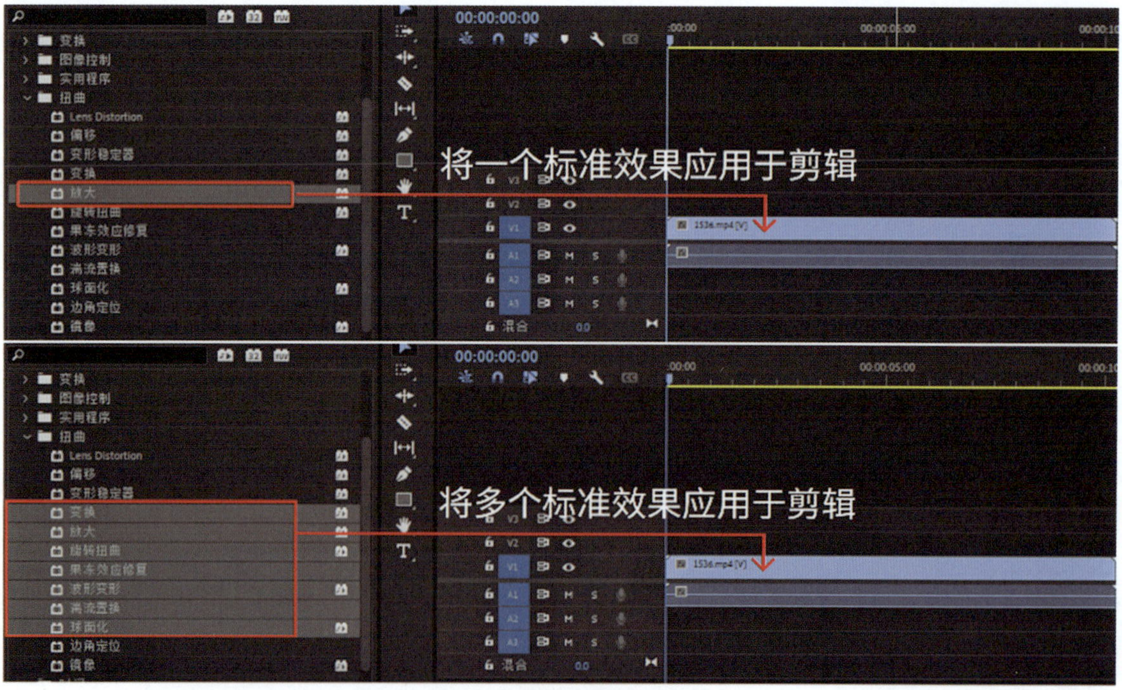

图 7－1－1　将效果应用于剪辑

也可以先选择剪辑，然后在“效果”面板中双击某个效果以应用该效果，如图 7－1－2 所示。可以多次应用同一个效果。

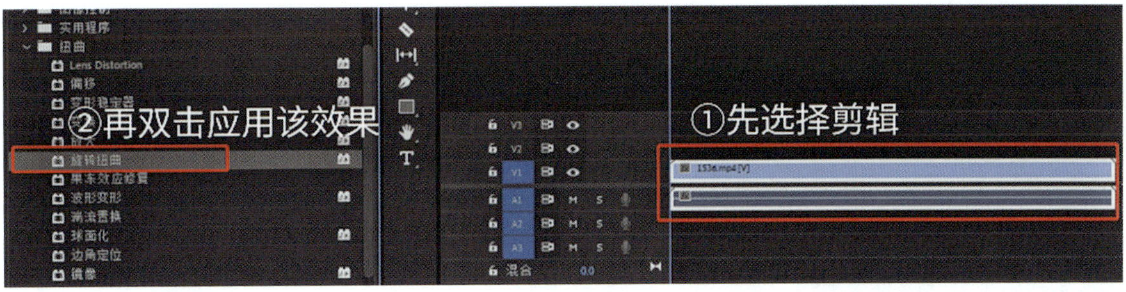

图 7－1－2　多次应用同一个效果

要将一个或多个效果应用于多个剪辑，先选择多个剪辑，再将一个或多个效果拖至选定的剪辑上即可，如图 7－1－3 所示。

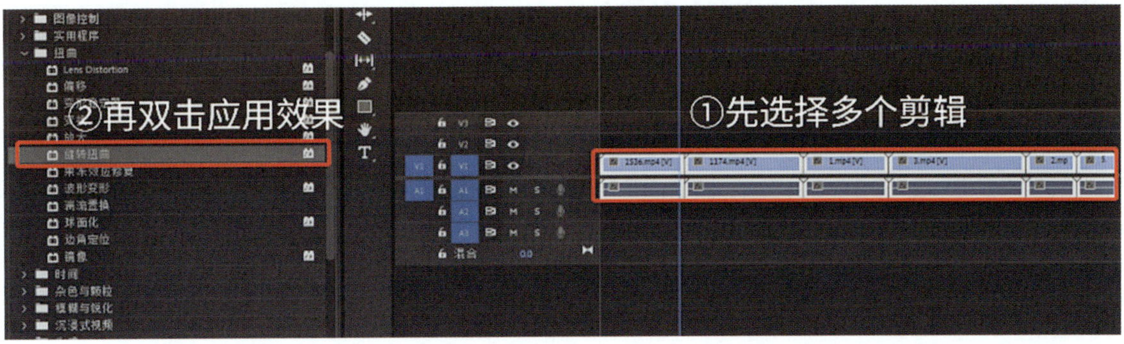

图 7－1－3　拖曳一个或多个效果至选定剪辑

（二）复制并粘贴效果

可以通过“效果控件”面板将效果从一个剪辑复制并粘贴到另一个或多个剪辑，如图 7－1－4 所示。

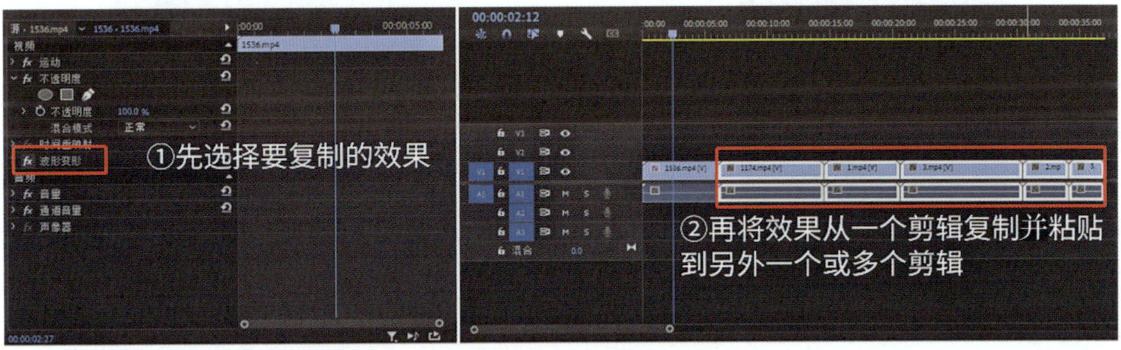

图 7－1－4　复制粘贴效果

也可以从任何序列中的剪辑上复制所有效果，然后右击鼠标，在弹出的快捷菜单中选择“粘贴属性”命令将它们粘贴至其他剪辑，如图 7－1－5 所示。

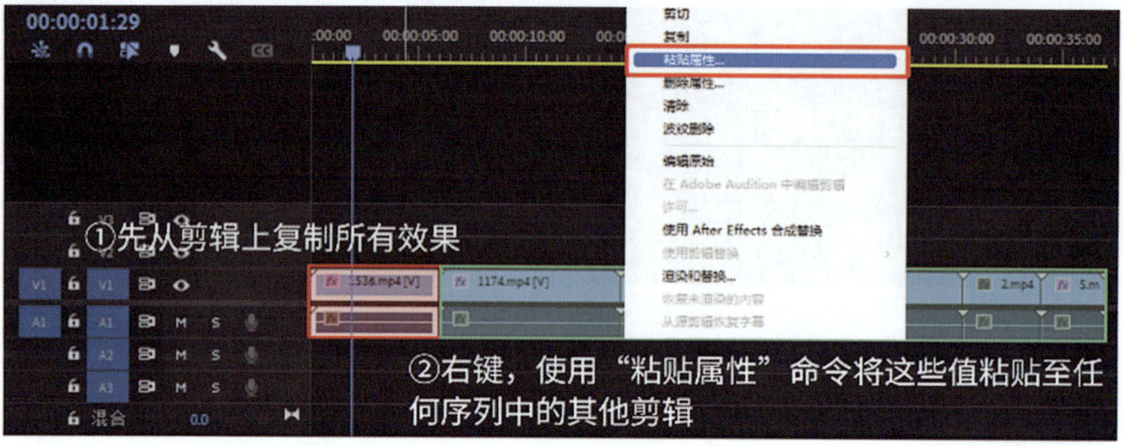

图 7－1－5　从序列中复制并粘贴效果

（三）从剪辑中移除效果

1. 从剪辑中移除选定的效果

在“时间轴”面板中选择剪辑，然后在“效果控件”面板中选择要移除的一个或多个效果，按“Delete”键或“Backspace”键即可移除。

2. 从剪辑中移除所有效果

方法 1：在“时间轴”面板中选择剪辑，然后在“效果控件”面板中选择“移除效果”即可，如图 7－1－6 所示。

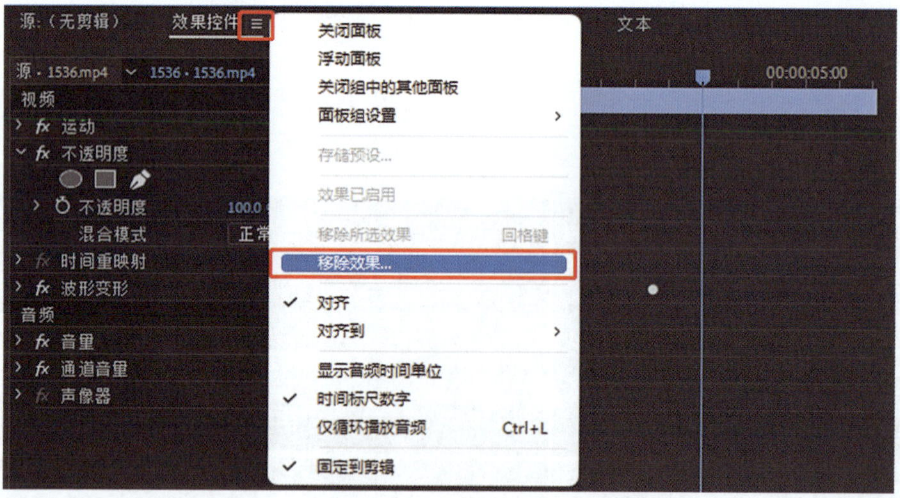

图 7－1－6　通过“效果控件”面板移除效果

方法 2：在“时间轴”面板中选择剪辑，然后右击鼠标，在弹出的快捷菜单中选择“删除属性”，如图 7－1－7 所示。在打开的“删除属性”对话框中，选择要删除的效果，单击“确定”按钮即可。此时，所有选定的应用效果都将从剪辑中移除，而所有选定的固有效果将恢复默认设置。

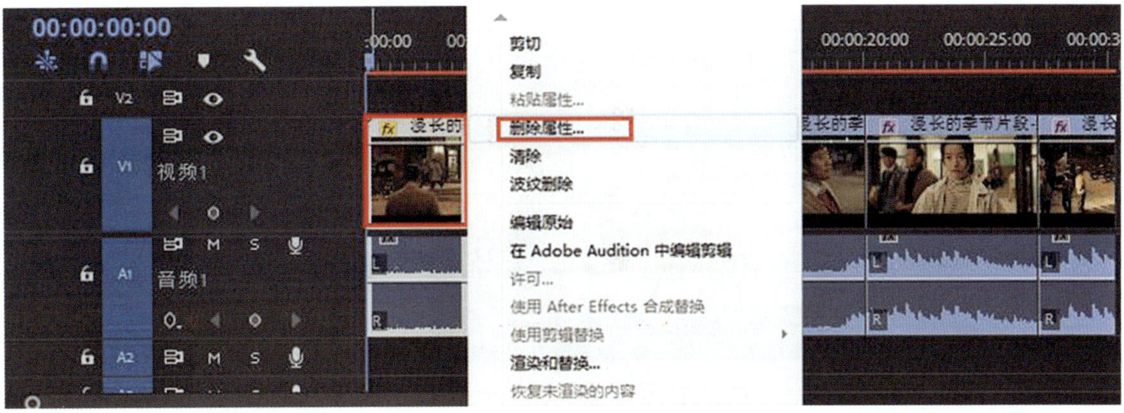

图 7－1－7　在时间轴上移除效果

(四) 在剪辑中禁用或启用效果

在“效果控件”面板中单击“效果”按钮可以禁用或启用效果，如图 7－1－8 所示。

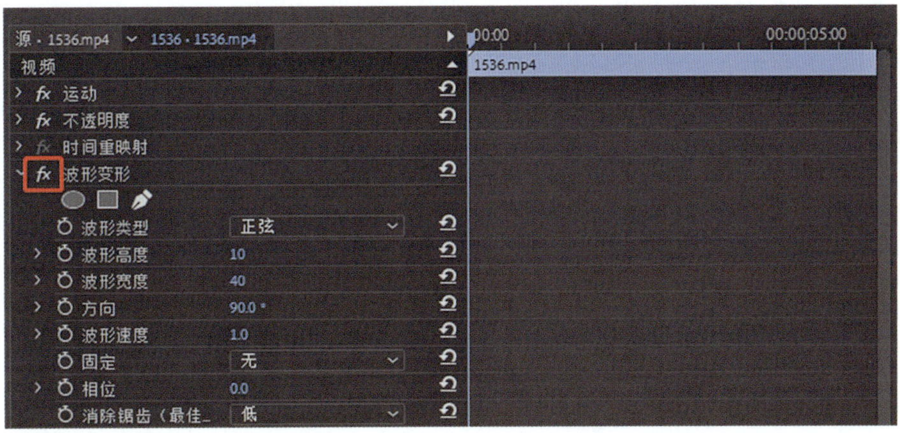

图 7－1－8　禁用或启用效果

(五) 使用效果徽章

效果徽章是时间轴上的一个图标，用于确认效果是否已应用到剪辑。单击“设置”按钮后勾选“显示效果徽章”，即可在时间轴中显示该徽章，如图 7－1－9 所示。

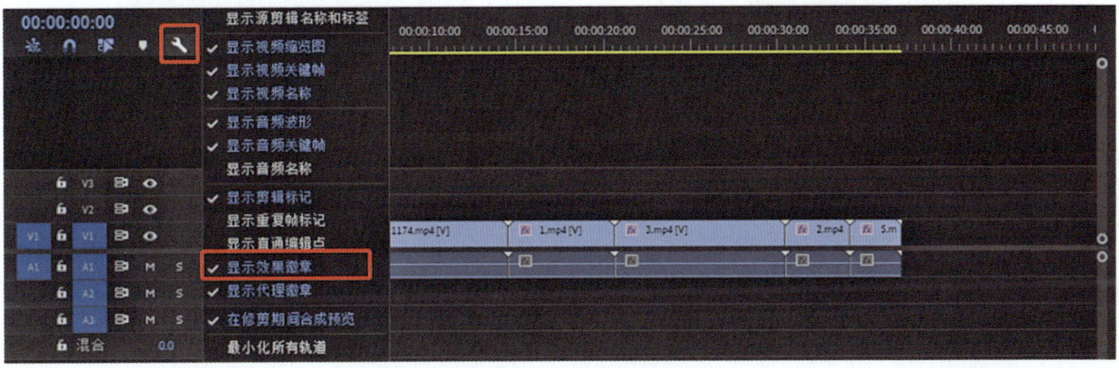

图 7－1－9　显示效果徽章

Premiere 提供了不同颜色的效果徽章，用户看徽章颜色即可确定是否已应用效果、已修改内部效果等，如图 7－1－10 所示。

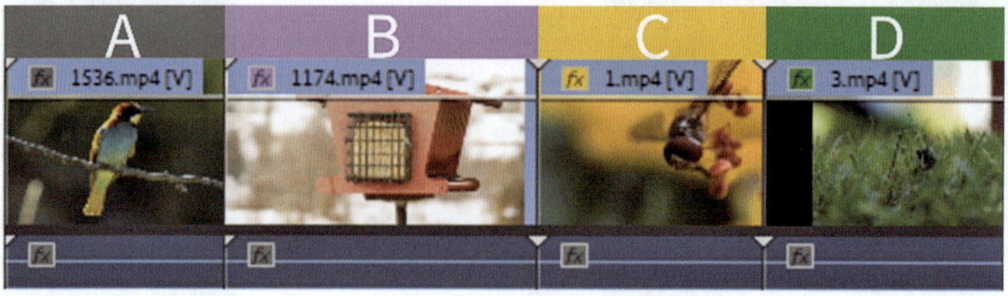

图 7－1－10　不同颜色的效果徽章

效果徽章的颜色及含义如下：

灰色（A）：未应用效果（默认徽章颜色）。

紫色（B）：应用了视频效果（如颜色校正或模糊）。

黄色（C）：修改过内部效果（如位置、缩放、不透明度）。

绿色（D）：修改过内部效果并应用了视频效果。

实操练习

练习添加视频效果，并观察每一种视频效果能给画面带来哪些变化。

任务二 基础视频效果应用

知识链接

Premiere 提供了 20 组基础视频效果，如图 7－2－1 所示。

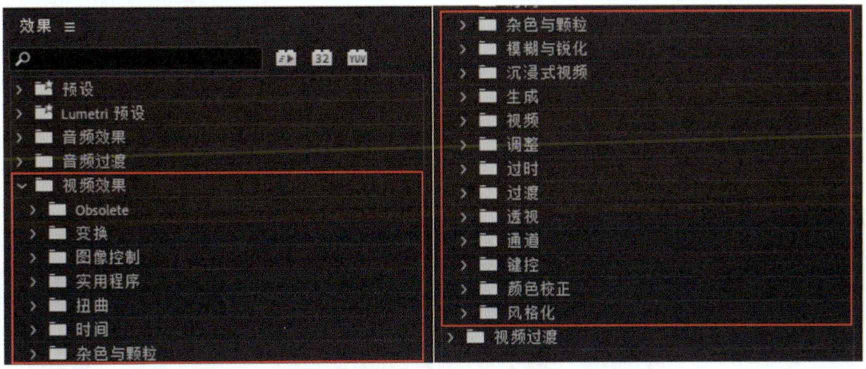

图 7－2－1　基础视频效果

一、变换

“变换”效果组包含“垂直翻转”“水平翻转”“羽化边缘”“自动重构”“裁剪”五种效果，如图 7－2－2 所示。

图 7－2－2　“变幻”效果组

（一）垂直翻转

该效果可以将视频上下翻转，如图 7－2－3 所示。

图 7－2－3　垂直翻转

（二）水平翻转

该效果可以将视频左右翻转，如图 7 – 2 – 4 所示。

图 7 – 2 – 4　水平翻转

（三）羽化边缘

该效果用于对视频的边缘进行模糊处理，可以在“效果”面板设置“数量”值，值越大，边缘模糊程度越高，最高可达 100，如图 7 – 2 – 5 所示。

图 7 – 2 – 5　羽化边缘

（四）自动重构

“自动重构”可智能识别视频中的动作，并针对不同的长宽比重构剪辑，以适应采用不同播放比例的社交媒体平台，如“水平 16 : 9”“正方形 1 : 1”“垂直 9 : 16”“垂直 4 : 5”等，如图 7 – 2 – 6 所示。

图 7 – 2 – 6　自动重构

“自动重构”不仅可以自动重构单个剪辑，还可以自动重构完整的序列。

1. 将“自动重构”效果添加到单个剪辑上

（1）将“自动重构”效果拖至要重构的剪辑上。

（2）选择合适的运动跟踪选项（减慢动作、默认、加快动作），以微调“自动重构”效果，如图 7 – 2 – 7 所示。应用效果时，Premiere 会生成跟随内容动作的运动关键帧。

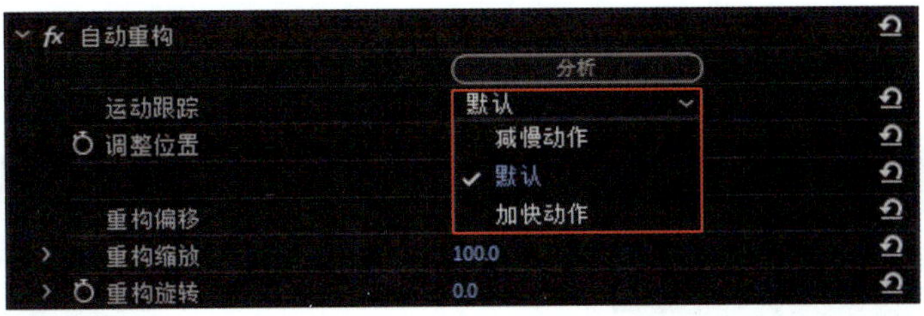

图 7－2－7　选择运动跟踪选项

- 减慢动作：适用于摄像机运动很少或不运动的情况（如对采访对象进行特写时）。使用此控件时，结果基本是静态的，并且剪辑中只包含极少数关键帧。
- 默认：适用于大多数情况。此时，“自动重构”效果会跟随动作，但是如果动作非常快，效果可能不佳。
- 加快动作：适用于视频中存在大量运动，并且希望“自动重构”效果跟随动作的情况（如运动员的动作）。此时，“自动重构”会确保运动对象始终位于帧范围内，并在剪辑中添加大量关键帧。

（3）可以覆盖生成的路径，以便进行微调，包括调整位置、重构偏移、重构缩放、重构旋转，如图 7－2－8 所示。

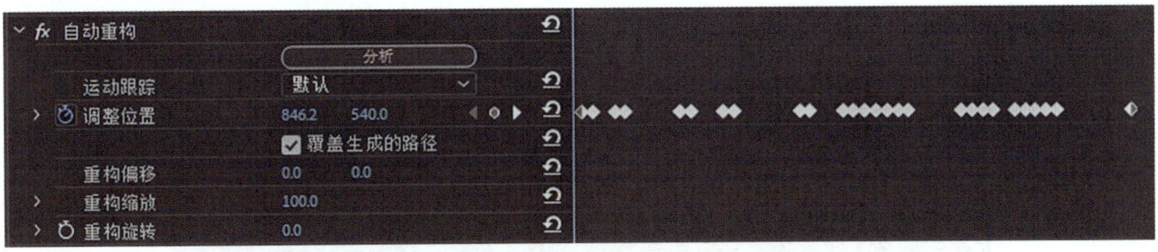

图 7－2－8　选择“覆盖生成的路径”

2. 自动重构整个序列

对于包含多个剪辑的序列，则可以选择“自动重构序列”这个更加高效的选项。

（1）在“项目”面板中选择要自动重构的序列。

（2）执行“序列→自动重构序列”命令，如图 7－2－9 所示。

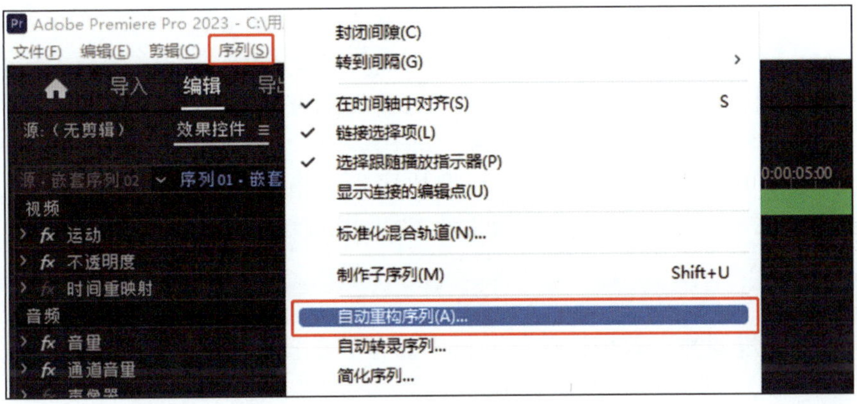

图 7－2－9　自动重构序列

也可以在“项目”面板右击该序列，然后在弹出的快捷菜单中选择“自动重构序列”，如图 7－2－10 所示。

图 7－2－10　通过快捷菜单选择“自动重构序列”

（3）在打开的对话框中，选择“目标长宽比”或自定义长宽比，如图 7－2－11 所示。

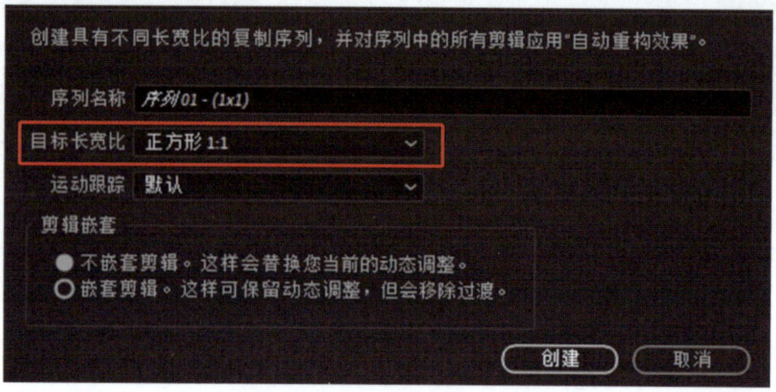

图 7－2－11　目标长宽比

（4）以下情况可进行嵌套剪辑：存在带有需保留运动的复杂关键帧；包含调整速度和持续时间的序列。Premiere 会将所有视频剪辑放到嵌套中，然后使用原始剪切点和轨道分层，这样视频和音频就不会受到影响，如图 7－2－12 所示。

（5）Premiere 可生成新的、正确的长宽比序列。新序列中的每个剪辑均应用了“自动重构”效果。此重复序列保存在“项目”面板根目录的“自动重构序列”文件夹中，如图 7－2－13 所示。

（五）裁剪

该效果可以通过调整“效果控件”面板中的参数设置画面裁剪的大小，如图 7－2－14 所示。

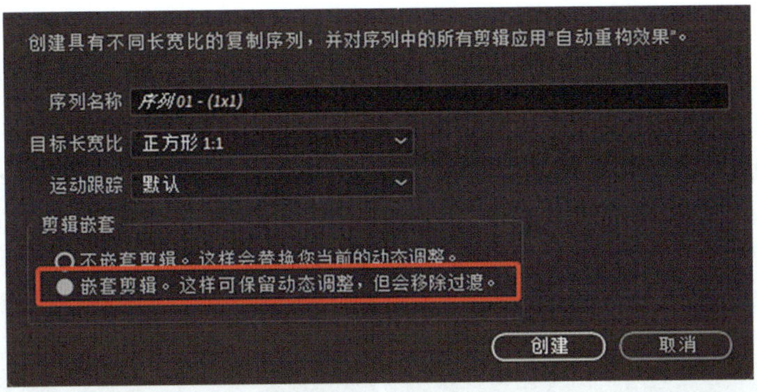

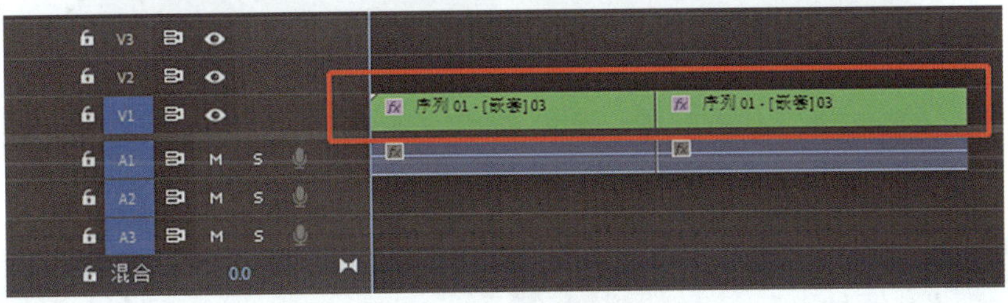

图 7－2－12　嵌套剪辑

图 7－2－13　“自动重构序列”文件夹

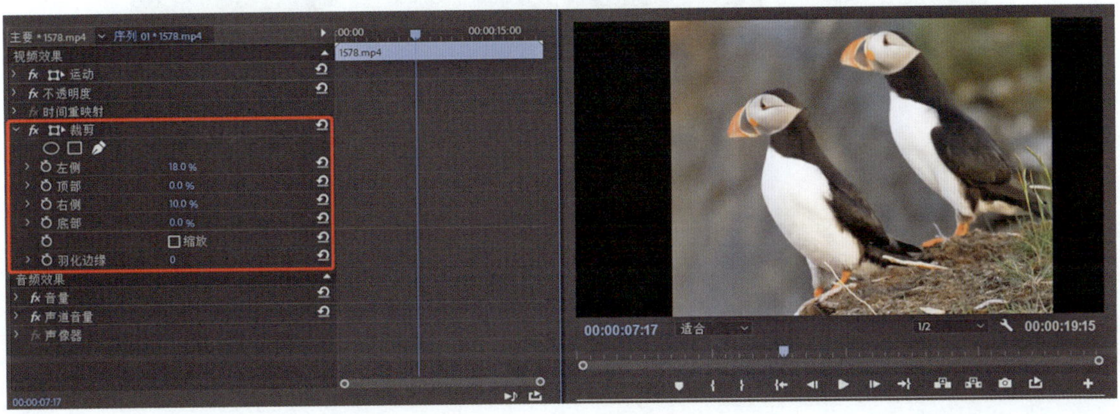

图 7－2－14　裁剪效果

“裁剪”效果重要参数说明如下：

（1）左侧、顶部、右侧和底部：分别调整画面对应各个方位的裁剪比例。例如，将“左侧”参数设置为 50.0%，画面裁剪效果对比如图 7－2－15 所示。

图 7－2－15　裁剪效果对比

（2）缩放：勾选后可自动将裁剪后的画面按照画布大小铺满整个画面，如图 7－2－16 所示。

图 7－2－16　缩放效果对比

（3）羽化边缘：使裁切边缘过渡得更为柔和。将“羽化边缘”设置为 160.0% 后的效果如图 7－2－17 所示。

图 7－2－17　羽化边缘效果对比

二、扭曲

“扭曲”效果组包含“Lens Distortion”“偏移”“变形稳定器”“变换”“放大”“旋转扭曲”“果冻效应修复”“波形变形”“湍流置换”“球面化”“边角定位”“镜像”12 种效果，如图 7－2－18 所示。

（一）Lens Distortion

“Lens Distortion（镜头扭曲）”效果可以调整视频在水平和垂直方向上的扭曲程度，模拟透过扭曲镜头观看画面，如图 7－2－19 所示。

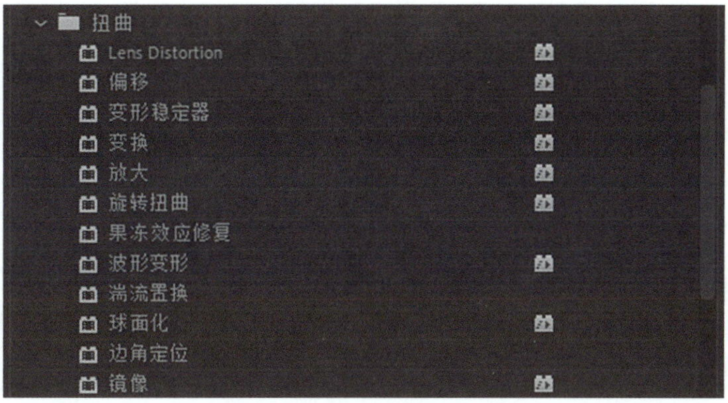

图 7-2-18 “扭曲”效果组

图 7-2-19 Lens Distortion

“扭曲”效果重要参数说明如下：

（1）Curvature（曲率）：设置水平和垂直方向上的弯曲程度，值越大弯曲程度越大。值大于 0 时，显示的效果是视频向内弯曲；值小于 0 时，显示的效果是视频向外弯曲。

（2）Vertical Decentering（垂直偏移）：设置视频的垂直侧的偏移程度。

（3）Horizontal Decentering（水平偏移）：设置视频的水平侧的偏移程度。

（4）Vertical Prism FX（垂直棱镜效果）：为视频设置垂直方向上类似棱镜的效果。

（5）Horizontal Prism FX（水平棱镜效果）：为视频设置水平方向上类似棱镜的效果。

（6）Fill Alpha（填充 Alpha）：是否需要对 Alpha 通道进行填充，若勾选，可在下方的色块中选择颜色。

（7）Fill Color（填充颜色）：选择填充颜色。

（二）偏移

可以垂直或水平移动画面，系统会自动填补画面的空缺部分，如图 7-2-20 所示。

图 7－2－20　偏移

“偏移”效果重要参数说明如下：

（1）将中心移位至：调整画面的偏移，偏移后，系统会自动填补画面的空缺部分。

（2）与原始图像混合：可调整偏移后的画面和原始画面的混合度。

（三）变形稳定器

“变形稳定器”效果用于修复晃动的视频，可消除因摄像机移动造成的抖动，使画面稳定、流畅。添加此效果后，Premiere 会自动进行分析，如图 7－2－21 所示。

图 7－2－21　变形稳定器

注意：应用“变形稳定器”效果时，剪辑尺寸要与序列设置相匹配。如果不匹配，可以先嵌套剪辑，再对嵌套应用“变形稳定器”效果。另外，“变形稳定器”效果会在一定程度上裁减画面。

如果“变形稳定器”效果不理想，可以在“效果控件”面板进一步调整，如图 7－2－22 所示。

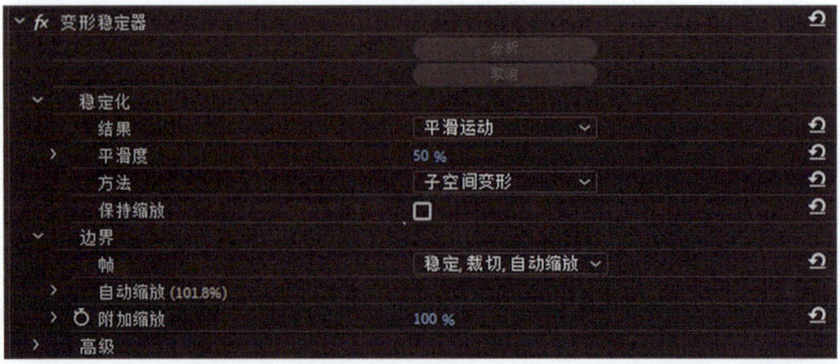

图 7－2－22　“变形稳定器”参数调整

“变形稳定器”效果重要参数说明如下：

（1）分析：首次应用“变形稳定器”效果时无须按下该按钮，Premiere 会自动启用。

（2）取消：取消正在进行的分析。在分析期间，状态信息显示在“取消”按钮旁边。

（3）稳定化。

①结果：控制素材的预期结果（“平滑运动”或“不运动”），如图 7－2－23 所示。

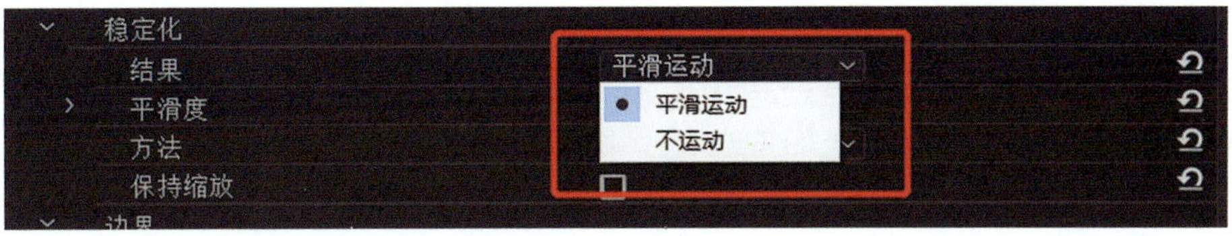

图 7－2－23 “结果”参数

- 平滑运动（默认）：保持原始摄像机的移动更平滑。选中后，Premiere 会启用“平滑度”来控制摄像机移动的平滑程度。
- 不运动：消除拍摄中所有摄像机的运动。选中后，Premiere 将在“高级”部分禁用“更少裁切 <-> 更多平滑”属性。该设置一般用于拍摄对象只有一部分在整个画面中的情况。

②平滑度：摄像机原始运动的稳定程度。在“结果”设置为“平滑运动”时启用。值越小越接近摄像机原来的运动状态；值越大越平滑，也意味着裁剪得更多。

③方法：指定变形稳定器的预设稳定器效果，共有 4 种方式，默认为“子空间变形”，如图 7－2－24 所示。

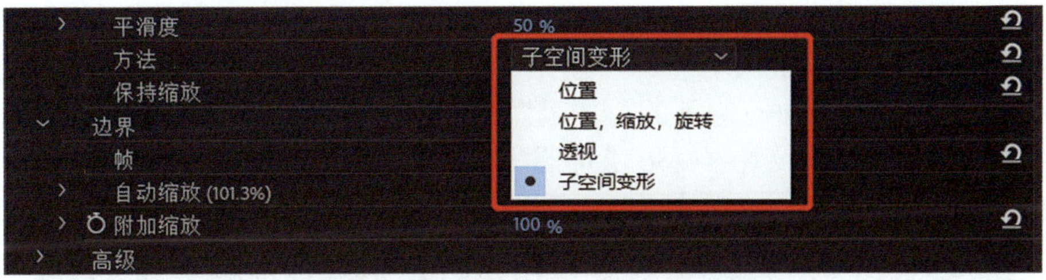

图 7－2－24 “方法”参数

- 位置：稳定仅基于位置数据，是稳定素材的最基本方式。
- 位置，缩放，旋转：稳定基于位置、缩放和旋转数据。如果没有足够的区域用于跟踪，变形稳定器将选择上一个类型（位置）。
- 透视：可有效地对整个帧进行边角定位的一种稳定类型。如果没有足够的区域用于跟踪，变形稳定器将选择上一个类型（位置，缩放，旋转）。
- 子空间变形（默认设置）：尝试以不同方式稳定帧的各部分来稳定整个帧。如果没有足够的区域用于跟踪，变形稳定器将选择上一个类型（透视）。

④保持缩放：勾选后，剪辑的缩放比例不会发生变化。

注意： 在某些情况下，“子空间变形”可能引起不必要的变形，而“透视”可能引起不必要的梯形失真。

（4）边界：用于处理被稳定素材的边界。

①帧：控制如何处理被稳定素材的边界，可设置项如图 7－2－25 所示。

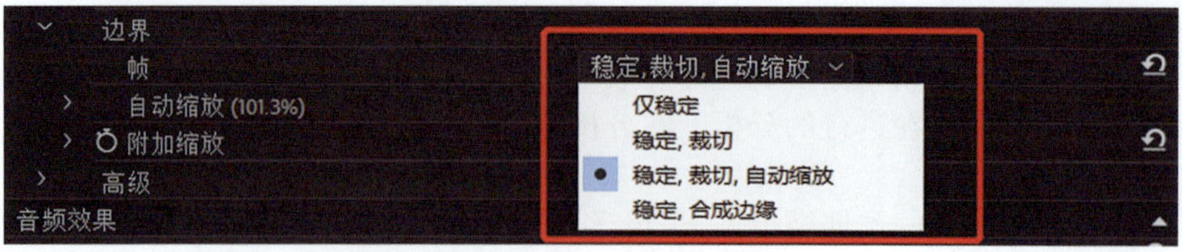

图 7-2-25　稳定素材边界的方式

- 仅稳定：仅对视频做稳定处理，但不进行任何裁剪。因此，视频边缘可能会由于计算而出现一定程度的变形或移动。选中后，“自动缩放”部分和“更少裁切 <-> 更多平滑”属性将处于禁用状态。
- 稳定，裁切：对视频做稳定处理，但会裁掉部分画面。使用“稳定，裁切”等同于使用“稳定，裁切，自动缩放”，并将“最大缩放”设置为 100%。选中后，“自动缩放”部分将处于禁用状态，但“更少裁切 <-> 更多平滑”属性处于启用状态。
- 稳定，裁切，自动缩放：通过裁剪运动边缘，并扩大图像，来重新填充画面。
- 稳定，合成边缘：通过前后画面内容填充为运动边缘创建空白区域。(通过“高级”部分的“合成输入范围”进行控制)。选中后，“自动缩放”部分和“更少裁切 <-> 更多平滑”属性将处于禁用状态。

②自动缩放：显示当前的自动缩放量，允许设置自动缩放量限值。

- 最大缩放：限制为实现稳定而按比例增加剪辑的最大量。
- 动作安全边距：如果为非零值，则会在预计不可见的图像边缘指定边界。因此，“自动缩放”不会试图填充它。

③附加缩放：按比例放大剪辑，与使用“变换”中的“缩放”属性进行缩放具有相同的效果，但无须对图像进行额外的重新采样。

（5）高级：用于详细设置“变形稳定器”效果，如图 7-2-26 所示。通常不需要修改，其值会自动变化。

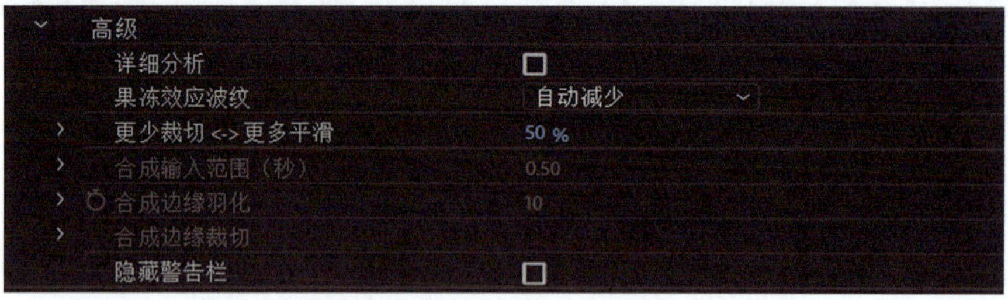

图 7-2-26　“高级”参数

如果需要更加精确和稳定的分析结果，勾选“详细分析”，Premiere 将重新进行更为复杂的分析，速度会变慢，但更加精确。

(四) 变换

“变换”效果主要用于更改视频的各种可视化变换效果，具体参数可在“效果控件”面板中调整，如图 7-2-27 所示。

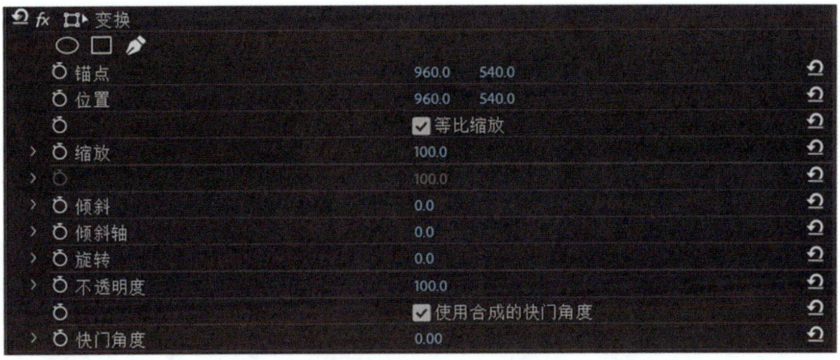

图 7－2－27　变换

该效果最大的特点是可以给运动添加运动模糊，通过快门角度设置运动模糊的大小，值越大运动模糊越明显。

（五）放大

“放大”效果主要用于对视频进行局部放大操作，如图 7－2－28 所示。

图 7－2－28　放大

“放大”效果的参数如图 7－2－29 所示。

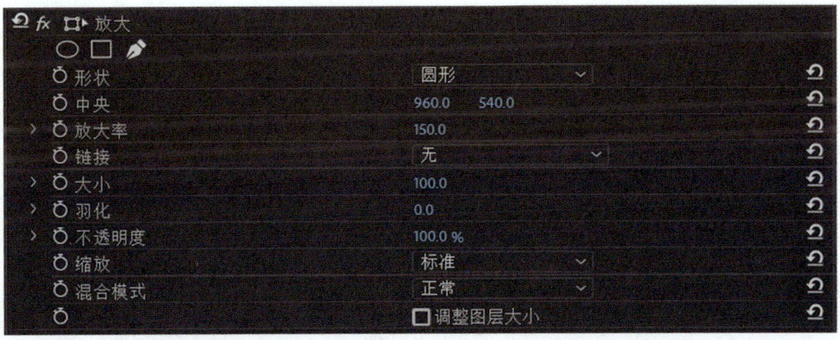

图 7－2－29　“放大”效果的参数

“放大”效果重要参数说明如下：

（1）形状：设置素材中放大部分的显示形状，可选择“圆形”或“正方形”。

（2）中央：设置放大效果的位置中心。

（3）放大率：设置放大的值，值越大放得越大。

（4）链接：设置属性链接，包括“无”“大小至放大率”“大小和羽化至放大率”。

（5）大小：设置放大区域的大小，值越大放大区域越大。
（6）羽化：设置放大形状的边缘羽化效果，值越大羽化效果越强。
（7）不透明度：设置放大部分的不透明度，值越小放大部分不透明度越小。

（六）旋转扭曲

该效果可使视频旋转扭曲变形，如图 7－2－30 所示。

图 7－2－30　旋转扭曲

“旋转扭曲”效果重要参数说明如下：
（1）角度：设置旋转扭曲的角度，角度越大旋转扭曲的效果越强。
（2）旋转扭曲半径：设置旋转扭曲的范围，值越大旋转扭曲的区域越大。
（3）旋转扭曲中心：设置旋转的中心点，默认为素材的中心位置。

（七）波形变形

为视频添加波纹形状的变形效果，如图 7－2－31 所示。

图 7－2－31　波形变形

“波形变形”效果重要参数说明如下：

（1）波形类型：设置波纹的形状，如图 7－2－32 所示。

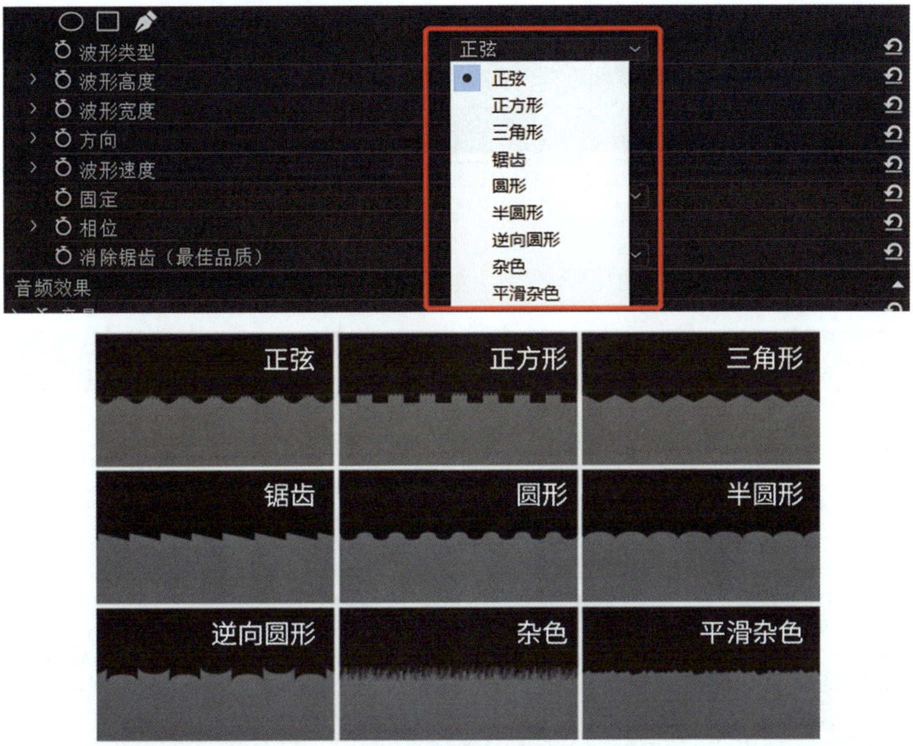

图 7－2－32　波形类型

- 正弦：设置波纹形状为类似波浪的正弦函数形。
- 正方形：设置波纹形状为正方形。
- 三角形：设置波纹形状为三角形。
- 锯齿：设置波纹形状为锯齿形。
- 圆形：设置波纹形状为圆形。
- 半圆形：设置波纹形状为半圆形。
- 逆向圆形：设置波纹形状为参差的逆向圆形。
- 杂色：设置波纹边缘为杂色模糊效果。
- 平滑杂色：设置波纹边缘为平滑的杂色效果。

（2）波形高度：设置波形的高度，值越大波形越高。

（3）波形宽度：设置波形的宽度，值越大波形越宽。

（4）方向：设置波形的方向。

（5）波形速度：设置波形移动的速度，值越大波形移动速度越快，值为 0 时不移动。

（6）固定：设置波形的固定方式。

（7）相位：设置波形的位置。

（8）消除锯齿（最佳品质）：设置波形效果添加后消除锯齿的程度。

（八）果冻效应修复

该效果用于去除拍摄时产生的扭曲和倾斜变形，如图 7－2－33 所示。

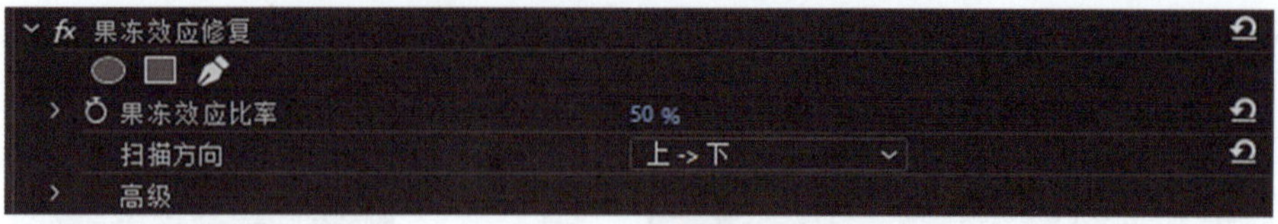

图 7－2－33　果冻效应修复

（九）湍流置换

为视频添加随机产生的扭曲变形效果，如图 7－2－34 所示。

图 7－2－34　湍流置换

“湍流置换”效果重要参数说明如下：

（1）置换：可以选择不同的置换效果。

（2）数量：控制扭曲效果程度，值越大扭曲变形的程度越大。

（3）大小：控制置换图的大小，类似于对置换图进行缩放。

（4）偏移（湍流）：对置换图进行位置偏移。

（5）复杂度：确定湍流的复杂程度，值越小扭曲越平滑、越简单；值越大扭曲越复杂、越抽象。

（6）演化：可以对湍流进行扭曲变化，为“演化”设置动画关键帧后，可以不断变化。

（7）演化选项：可以精细控制置换效果。

（8）固定：可以指定边缘，使边缘的像素不置换。

（十）球面化

该效果可将平面化画面中的部分球面化，如图 7－2－35 所示。

图 7－2－35　球面化

“球面化”效果重要参数说明如下：

（1）半径：设置球面化效果的半径，值越大球面效果作用区域越大。

（2）球面中心：设置球面化效果的中心，默认以画面中心为球面中心。

（十一）边角定位

该效果可以对画面进行类似三维空间的位置改变，通过调整“左上”“右上”“左下”“右下”4 个点制作透视效果，如图 7－2－36 所示。

图 7－2－36　边角定位

（十二）镜像

该效果可以制作镜像，如图 7－2－37 所示。

“镜像”效果重要参数说明如下：

（1）反射中心：设置反射效果的中心位置。

（2）反射角度：设置反射效果的角度，可形成上下镜像或左右镜像。

图 7-2-37　镜像

三、模糊与锐化

“模糊与锐化”效果组包含“Camera Blur”“减少交错闪烁”“方向模糊”“钝化蒙版”“锐化”“高斯模糊”6 种效果，如图 7-2-38 所示。

图 7-2-38　“模糊与锐化”效果组

（一）Camera Blur（镜头模糊）

模仿相机焦距不准时产生的模糊效果，如图 7-2-39 所示。

图 7-2-39　Camera　Blur

“Camera Blur”效果重要参数说明如下：

Percent Blur：模糊百分比，值越大画面越模糊。

（二）减少交错闪烁

减少因隔行扫描产生的交错闪烁问题，参数提高后的效果类似于垂直方向的模糊，如图 7－2－40 所示。

图 7－2－40　减少交错闪烁

（三）方向模糊

该效果可以对素材进行特定角度和长度的模糊，如图 7－2－41 所示。

图 7－2－41　方向模糊

“方向模糊”效果重要参数说明如下：

（1）方向：设置模糊的方向。

（2）模糊长度：设置模糊的长度，值越大模糊长度越长，模糊效果越明显。

（四）钝化蒙版

用于定义颜色边缘的对比度，应用半径和阈值对画面进行锐化处理，如图 7－2－42 所示。

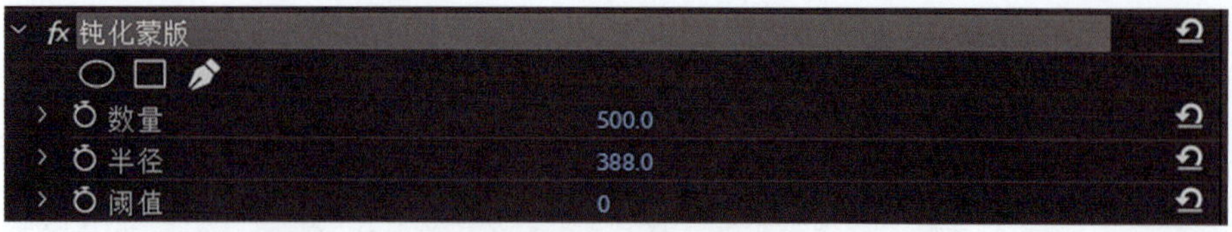

图 7－2－42　钝化蒙版

“钝化蒙版”效果重要参数说明如下：

（1）数量：锐化程度调整，值越大锐化越明显。

（2）半径：设置锐化边缘的半径，值越大对比越明显。

（3）阈值：设置颜色边缘许可范围，值越大效果越不明显。

（五）锐化

该效果可以增强相邻像素的对比度，提高画面清晰度，如图 7－2－43 所示。

图 7－2－43　锐化

“锐化”效果重要参数说明如下：

锐化量：控制画面的锐化程度，值越大画面的锐化程度越高。

（六）高斯模糊

该效果能使画面的模糊更平滑，是常用的模糊效果，如图 7－2－44 所示。

图 7－2－44　高斯模糊

“高斯模糊”效果重要参数说明如下：

（1）模糊度：设置画面的模糊程度，值越大模糊程度越高。

（2）模糊尺寸：设置模糊的方向，包括“垂直”“水平”“水平和垂直”选项。

（3）重复边缘像素：勾选后，由于模糊造成的画面边缘的黑边会消失。

四、生成

“生成”效果组包含“四色渐变”“渐变”“镜头光晕”“闪电”4 种效果，如图 7－2－45 所示。

图 7－2－45 “生成”效果组

（一）四色渐变

可以设置 4 种颜色的渐变效果，通常用于制作背景，如图 7－2－46 所示。

图 7－2－46 四色渐变

“四色渐变”效果重要参数说明如下：

（1）位置和颜色：可以设置 4 种颜色及其位置，可以分别更改从“点 1”到“点 4”的坐标，以及从“颜色 1”到“颜色 4”的颜色。

（2）混合：设置 4 种颜色的混合程度，值越大 4 种颜色的混合程度越高。

（3）不透明度：设置“四色渐变”效果与原素材之间的不透明度。

（4）混合模式：设置“四色渐变”效果与原素材之间的混合模式。

（二）渐变

该效果可设置颜色的径向渐变，常用于制作背景，如图 7－2－47 所示。

图 7－2－47　渐变

“渐变”效果重要参数说明如下：

（1）渐变起点：设置“渐变”效果的起点位置。

（2）起始颜色：设置“渐变”效果的起始颜色。

（3）渐变终点：设置“渐变”效果的终点位置。

（4）结束颜色：设置“渐变”效果的结束颜色。

（5）渐变形状：设置“渐变”效果的形状，即渐变效果的呈现方式。

（6）渐变扩散：设置“渐变”效果的扩散程度，值越大扩散程度越高。

（7）与原始图像混合：设置“渐变”效果与原始图像的混合程度。

（三）镜头光晕

该效果可以模拟光晕，如图 7－2－48 所示。

图 7－2－48　镜头光晕

“镜头光晕”效果重要参数说明如下：

（1）光晕中心：设置光晕的中心位置。
（2）光晕亮度：设置光晕的亮度，值越大亮度越强。
（3）镜头类型：设置光晕模拟效果的镜头类型，不同的镜头类型对应不同的光晕效果。
（4）与原始图像混合：调整镜头光晕的透明度，值越大透明度越小。

（四）闪电

该效果可以模拟闪电，如图 7－2－49 所示。

图 7－2－49　闪电

“闪电”效果重要参数说明如下：
（1）分段：设置“闪电”效果的分段数量。
（2）振幅：振幅即闪电的活动范围，值越大“闪电”效果的振幅越大。
（3）细节级别：设置“闪电”效果的细节，值越大细节越多。
（4）细节振幅：设置“闪电”效果的分段振幅。
（5）分支：设置“闪电”效果的分支数量。
（6）再分支：设置“闪电”效果分支上的分支数量。
（7）分支角度：设置“闪电”效果分支的倾斜角度。
（8）分支段：设置“闪电”效果分支的线段数量，值越大线段数量越多。
（9）分支宽度：设置“闪电”效果分支的宽度，值越大宽度越大。
（10）速度：设置“闪电”效果出现和变换的速度。
（11）固定端点：勾选后，可以让“闪电”效果的初始状态与结束状态在同一位置。
（12）宽度变化：设置“闪电”效果的宽度变化。
（13）核心宽度：设置“闪电”效果中心的宽度。
（14）拉力：设置闪电分支的伸展程度。
（15）拖拉方向：设置闪电的拉伸方向。
（16）随机植入：设置“闪电”效果的随机变化形状。
（17）混合模式：设置“闪电”效果和原素材的混合方式。
（18）模拟：勾选后，可以改变闪电的变化形态。

五、键控

“键控”效果组主要用于视频抠像及合成。Premiere 提供了多个键控效果，方便用户在不同情况下抠像。该效果组包含“Alpha 调整”“亮度键”“超级键”“轨道遮罩键”“颜色键”5 种效果，如图 7－2－50 所示。

图 7－2－50 “键控”效果组

（一）Alpha 调整

该效果可以对带有 Alpha 通道的素材进行不透明度设置，如图 7－2－51 所示。

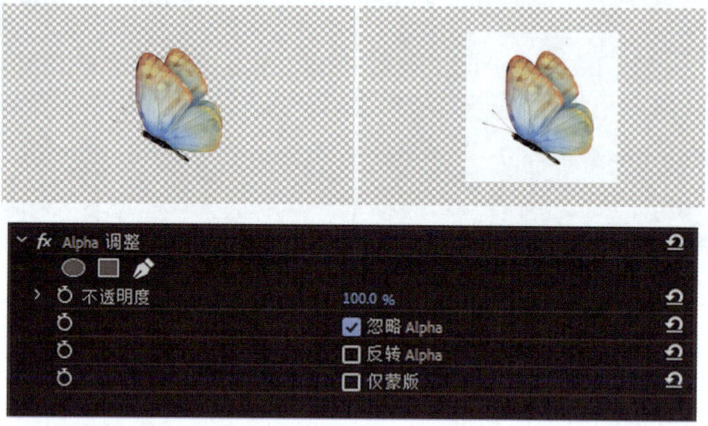

图 7－2－51 Alpha 调整

“Alpha 调整”效果重要参数说明如下：

（1）不透明度：调整素材的不透明度。

（2）忽略 Alpha：忽略 Alpha 通道，素材不进行 Alpha 通道计算。

（3）反转 Alpha：反转 Alpha 通道，原来透明的变为不透明，不透明的变为透明。

（4）仅蒙版：只显示 Alpha 蒙版。

（二）亮度键

该效果可以以素材亮度为基础，对素材进行抠像处理。例如，抠除其他部分而保留图像中的亮部，如图 7－2－52 所示。

图 7－2－52　亮度键

“亮度键”效果重要参数说明如下：

（1）阈值：设置素材中亮部的抠像程度，值越大素材中的暗部被抠除得越多。

（2）屏蔽度：设置抠像程度，值越大素材被抠除得越多，如图 7－2－53 所示。

图 7－2－53　设置抠像程度

（三）超级键

该效果可将图像中的任何颜色变为透明，并提供一系列额外选项来强化处理效果。该效果常用于抠图，例如让海中游泳的海龟游荡在云层中，如图 7－2－54 所示。

图 7－2－54　超级键

“超级键”效果重要参数说明如下：

（1）输出：可以查看合成、Alpha 通道和颜色通道 3 种输出画面，如图 7－2－55 所示。

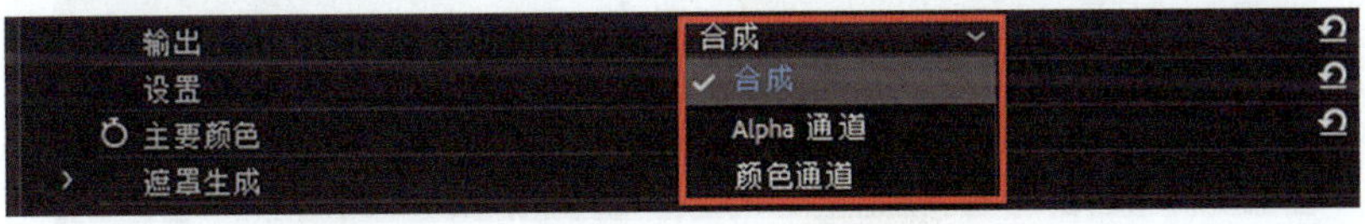

图 7－2－55　合成、Alpha 通道和颜色通道

（2）设置：可以选择不同程度的抠像预设效果，如图 7－2－56 所示。

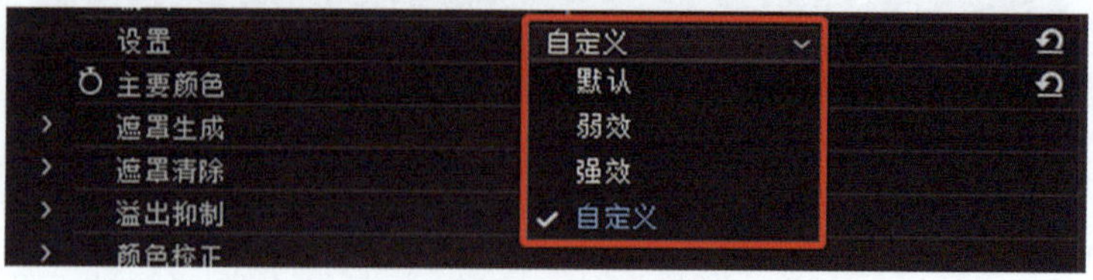

图 7－2－56　不同程度的抠像预设效果

（3）主要颜色：选取要去除的颜色。

（4）遮罩生成：可以调整被抠除的透明区域，如图 7－2－57 所示。

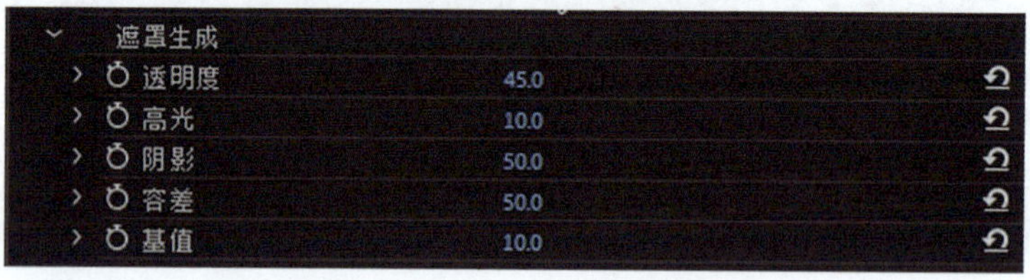

图 7－2－57　调整被抠除的透明区域

- 透明度：控制抠除部分的透明度。
- 高光：调整抠除部分亮部区域的不透明度。
- 阴影：调整抠除部分深色区域的不透明度。
- 容差：调整所选抠除颜色的范围。
- 基值：过滤来自 Alpha 通道的杂色，源图像的质量越高，“基值”便可以设置得越低。

（5）遮罩清除：可以减小透明区域的面积或柔化透明区域的边缘，如图 7－2－58 所示。

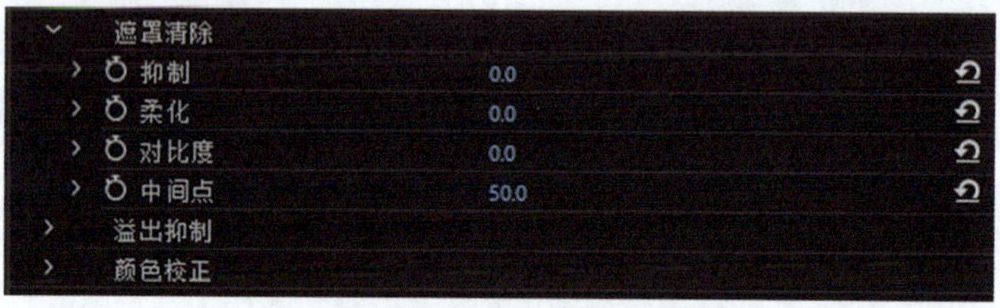

图 7－2－58　遮罩清除

- 抑制：缩小 Alpha 通道的大小。
- 柔化：模糊 Alpha 通道蒙版的边缘。
- 对比度：调整 Alpha 通道的对比度。
- 中间点：选择对比度的平衡点。

（6）溢出抑制：可以清理颜色的溢出，如图 7－2－59 所示。

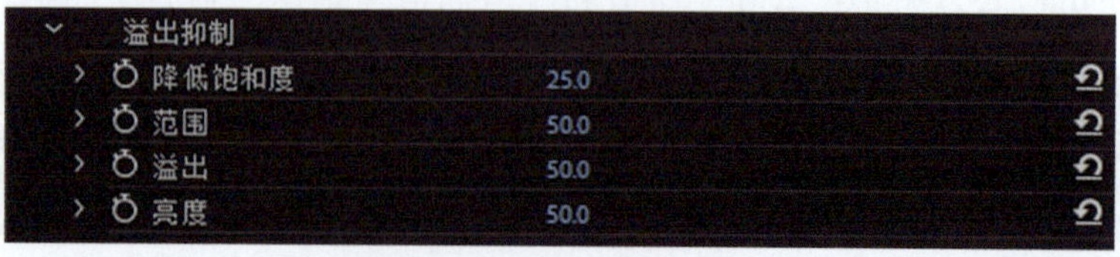

图 7－2－59　溢出抑制

- 降低饱和度：降低接近完全透明的颜色饱和度。
- 范围：控制溢出颜色的校正量。
- 溢出：调整溢出补偿的量。
- 亮度：与 Alpha 通道结合使用可恢复源的原始明亮度。

（7）颜色校正：可以调整前景源的颜色，如图 7－2－60 所示。

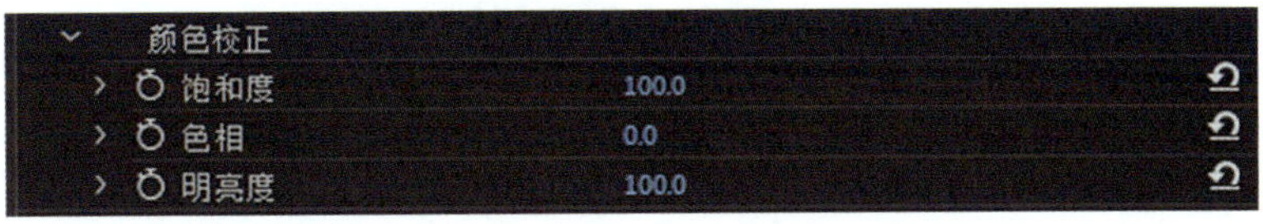

图 7－2－60　颜色校正

- 饱和度：控制前景源的饱和度。
- 色相：控制色相。
- 明亮度：控制前景源的明亮度。

（四）轨道遮罩键

该效果可让一段素材以某个带有 Alpha 通道的素材为基础形成遮罩，如图 7－2－61 所示。

图 7－2－61　轨道遮罩键

“轨道遮罩键”效果重要参数说明如下：

（1）遮罩：可选择需要作为遮罩的轨道素材。

（2）合成方式：可选择“Alpha 遮罩”或“亮度遮罩”。

（3）反向：设置是否需要反向遮罩。

实操练习

使用轨道遮罩键制作文字烟花效果。

轨道遮罩键的应用

使用轨道遮罩键
制作文字烟花效果

参考文献

［1］王怀岑．Premiere 影视编辑教程［M］．上海：上海交通大学出版社，2018．

［2］王磊．视频剪辑纵横 Premiere Pro/Final Cut Pro/DaVinci Resolve［M］．北京：人民邮电出版社，2020．

［3］尹小港．Premiere Pro CC 2018 入门教程［M］．北京：人民邮电出版社，2020．

［4］云飞．Premiere Pro 从入门到精通［M］．北京：中国商业出版社，2020．

［5］黄天乐．新印象 Premiere 短视频 拍摄＋剪辑＋特效关键技术［M］．北京：人民邮电出版社，2022．

［6］怪客小嘉．新印象 Premiere 短视频剪辑基础与实战［M］．北京：人民邮电出版社，2022．

［7］李彩玲．Premiere 短视频制作实例教程［M］．北京：人民邮电出版社，2022．

［8］唯美世界，曹茂鹏．Premiere Pro 2022 从入门到精通［M］．北京：水利水电出版社，2022．

［9］魏砚雨，杨晓笛．Premiere 视频剪辑标准教程［M］．北京：清华大学出版社，2022．

［10］狄仕林．新印象 Premiere 潮流短视频剪辑实战教学［M］．北京：人民邮电出版社，2022．

［11］孙燕飞．Premiere Pro 视频编辑剪辑设计实战案例解析［M］．北京：清华大学出版社，2023．

［12］李延周．新印象 Premiere Pro CC 短视频剪辑 / 拍摄 / 特效制作实战教程［M］．北京：人民邮电出版社，2023．

［13］任媛媛．Premiere Pro 2023 入门教程［M］．北京：人民邮电出版社，2023．

［14］刘蔚，丁思侬．Premiere Pro 2022 从入门到精通［M］．北京：人民邮电出版社，2023．